市民と行政の協働

●ごみ紛争から考える地域創造への視座●

濱　真理 *HAMA Makoto*

社会評論社

まえがき

「町内にごみ処理施設を建設することを、役所が計画している。このことを知った住民たちが、行政を相手に反対運動を繰り広げる。」この本では、このような実例を、いくつか詳しくみていきます。

公共政策をめぐるこのような確執において、直接の当事者は、市民・住民と行政です。本書では、市民と行政について詳しく書き込みました。

これを研究テーマと決めたのは、2010年でした。翌2011年3月11日、京都の食堂で、同級生（私はもう57歳でしたが）の大学院生2人といっしょに食事をしながら、東日本大震災の映像を食い入るようにみた記憶が頭から離れません。この時が、このテーマの最初の論文を書き上げた直後でした。だから、何年のできごとだったか、忘れることがないのです。

大学院に入り、のちに研究者となる前、私はある市役所に努めていました。行政の実態や職員の気持ちをそれなりにわかる立場にあったわけです。

市役所では、ごみの減量・リサイクルの仕事にながく携わりました。ごみ減量・リサイクルは、市民が主役です。役所の関わりが強い資源の分別収集でさえ、まず市民が分別しなければ成り立ちません。そのようなことから、市民と会って話をする機会が多くありました。そうするうちにごみや環境問題への関心が強まり、仕事の束縛から自由に、土日には環境NPOの集会や催しにずいぶん参加して、たくさん勉強させていただきました。つまり、市役所職員の立場を離れて、市民運動を肌で感じることができたのです。

このようにして、私は、内部から行政をみることができ、また、中に入って市民を知ることもできました。さらに、研究者となり、そのような経験を客観的に見つめなおして考える時間と機会が与えられました。

私たち自身の公共的な取り組みなくして、人間社会は成り立ちません。そのような公共の場において、市民はもちろんのこと、行政も必要なアクターとして関わることが多いでしょう。私の経験の積み重ねをまとめたこの本から、公共的活動に関心がある市民や行政関係の読者が、何か参考になるものを見つけていただけるなら、それにすぐる喜びはありません。

凡　例

1　引用文中の[　]は、引用者(濱)による記述であることを示す。
2　語句を強調するときに「　」を使用する。ただし、文中に引用語句・表現を示す「　」を用いるときは、引用者が強調する語句は“　”で表す。

目次

第2章　市民の変容 …060

第3章　行政の変容 …076

第Ⅱ編　市民に関わる格差と葛藤 …099

第Ⅲ編　協働を促進する第三者の役割と課題

序章　市民と行政のごみ紛争を直視する

市民・行政・第三者の役割と変容のダイナミズム

1. ごみ問題で市長が辞任！

ごみは誰にとっても身近な存在である。決められた日に決められた場所に出しておいたら役所が持っていってくれるから、ふだんごみで困る人は少ない。「たかがごみ」と感じている人も多いかも知れない。「されどごみ」である。ごみは、ときに市長を辞めさせてしまうほどの問題を秘めているのだ。

2011年11月1日、東京都小金井市の佐藤和雄市長（当時）が、ごみ問題で責任を取って辞任した。この年の4月に就任したばかりの市長が辞任したというニュースは、筆者の住む大阪でも報道された。

小金井市は、廃棄物処理施設がなく、周辺の自治体の処理施設でごみを処理してもらっていた。その委託費用が4年間で20億円もかかっている、これは無駄使いだ、と佐藤市長は選挙戦の時に批判した。これが周辺の自治体の怒りをかい、八王子市や昭島市からは、ごみの引き受け中止の話が出てきた。市長は、当選後謝罪したものの事態は収まらず、周辺自治体のごみ引き受け契約の更新ができなくなる事態となって、ついに辞任に追い込まれてしまった。

もともと、小金井市は、調布市・府中市といっしょに二枚橋衛生協同組合という地方自治法で定める「一部事務組合」をつくって、廃棄物処理施設を共同管理してきた。施設老朽化のため使用の継続が難しくなってきたので（2007年3月施設停止）、3つの自治体は、この一部事務組合を解散し、それぞれ独自に処理方法を模索することとした。小金井市は、国分寺市に共同処理を呼びかけ、2006年に両市長が覚書を交わした。その内容は、2009年2月までに小金井市が同市内に新処理施設をつくり、両市のごみを処理する、それまでの間、国分寺市が小金井市のごみを引き受けて処理する、というものであった。

小金井市が考えた施設建設予定地は、二枚橋衛生協同組合の旧施設の跡地だった。土地は小金井・調布・府中の３市にまたがっていて、小金井市が施設建設の用地を十分に確保するためには、隣接市の土地も購入する必要があった。これに隣接市は難色を示した。さらに困ったことには、小金井市の住民が機会あることに施設建設計画に反対した。施設建設が予定通りに進まないので、小金井市は、八王子市、府中市、昭島市に、暫定的にごみを引き受けてもらうようになった。こうして、ずるずると時が過ぎていった。そうした中で、市長選があり、市長辞任劇が起こったのである。

このあと、日野市、国分寺市、小金井市が浅川清流環境組合という一部事務組合をつくって、日野市に廃棄物焼却施設を建設してごみを燃やすことができるようになり、小金井市のごみ問題の火は消えることとなった。[1]

本書では、廃棄物処理施設を立地・建設を企画し、しばしば住民がそれに反対するという、以上のような事例を紹介して、そこからいくつかの論点を抽出することにより、公共政策の合意形成のありようを考えていく。

2. 近隣に廃棄物処理施設が建設されることになったら住民はどうするか

小金井市では、行政が廃棄物処理施設を建設しようとした。しかし住民の反対にあって計画がうまく進まなかった。しかし、このように行政が躊躇して事が運ばないという状況は一般的ではない。処理施設がないとごみ収集がストップしてしまう。これは生活の場を保障する自治体機能の崩壊を意味する。そこで、しばしば行政は強行突破して施設を建設しようとする。一方、住民たちが強力な反対運動を繰り広げて行政と闘うこともまれとは言えない。

さてそれでは、住んでいる地域の近隣に、自治体として必要であると考えられる廃棄物処理施設が建設されると聞いたら、あなたはどう思うだろうか。以下の選択肢から１つ選んでみよう。誰も覗き見ていないから、こっそり心の中で回答してほしい。

1　反対だから、町内会など近隣の住民に呼びかけて反対の活動をする。
2　反対である。町内会など近隣の住民が反対の行動をするならば参加する。
3　反対である。しかし、近隣の反対の行動があっても参加しない。

4　わからない。関心がない。
5　賛成である。廃棄物処理施設は必要な公共施設である。しかし、近隣の住民に対して自分の意見を公にはしない。
6　賛成である。その意見をあえて隠したりしない。
7　賛成である。近隣に反対する住民があれば議論する。
8　面倒くさいから引っ越す。

この回答は分析に値する。しかし、その考察は終章までお預けとしたい。本書は、このような住民の反応についてじっくり考える。特に住民の言動の時を経ての動態的変化に焦点を当てる。私益を超えて公益を評価する方向への住民の変容がよく見受けられる。このことを明らかにする。

ここで、反対の気持ちを抱いたと答えた読者の中には、ひょっとしたら少し後ろめたさを感じるひともいるかも知れない。心配ご無用である。廃棄物処理施設の建設を進めてきた行政担当者は、廃棄物処理施設の建設が明らかになると建設予定地の地元住民が反対することはむしろ一般的であると言っている[2]。

注目すべきはその行政である。行政は、ふだんは日々ごみを収集するというサービスを提供してくれるという優しい顔をしている。しかし、近隣に廃棄物処理施設を建設すると決定して住民に迫ってくる行政は、サービスを提供してくれて役に立つだけの公僕集団とはみなし得ないだろう。実際、廃棄物処理施設の建設に反対して土地の売却を地主が拒むとき、行政はその土地を強制収用することだってできるのである。

3. とても大きい行政という存在

では、行政は、廃棄物処理施設の建設を計画するとき、住民との関係をどのように考えているのだろうか。まず行政職員の意見をひとつ紹介する。前節で触れた行政職員とは別の職員である（前節は大阪市役所職員、以下は東京都庁職員）。

…［略］…「ゴミ」に対するイメージは、絶対的に良くなかった。ゴミ焼却、と初めにいえば必ず反対される、と「権力」が決め込むのにはそれなりの根拠があった。

しがたって、東［あずま…引用者］都政最終回のリリーフ役として押し立てられたホープ・橋本局長が、①ゴミのイメージは絶対的に悪い。②だから必ず「反対」はある。③したがって、ある程度の強行を図らなければ糸口はつかめぬ。④その代わり建設する工場は超一級を作り、地元に余力を還元する。⑤これによって住民を実物教育し、ゴミイメージのアップを図る…［原文］…という戦略を立てた、としても「権力」の側に立つ以上当然の帰結であろう。[3]

これは1972年の本からの引用である。以上のような内容を公言する行政職員は今はいないだろうけれども、内心はそのような思いを抱いている公務員はいるかも知れない。

本書では、日々サービスを提供してくれる便利な存在である行政、しかし大きな権力を揮う潜在力を持つ行政、このような行政について、住民・市民との関係に焦点を当てながら、考察する。

4. ごみが映し出す格差の問題

四ノ宮浩監督の『忘れられた子どもたち　スカベンジャー』という映画がある[4]。フィリピンのマニラ市郊外のスモーキーマウンテンと呼ばれるごみの山で生活する子どもたちを描いたドキュメンタリー映像である。

スモーキーマウンテンは、もと漁村で、1954年にごみの投棄場所となった。ごみの自然発火によりいつも煙が立ちのぼっていることからこう呼ばれるようになった。貧困にあえぐ子どもたちと家族が、ここに住み着き、ごみの山から有価物をピックアップし売却して収入を得ている。フィリピン政府は、1994年、ここへのごみ投棄を禁止した。居住者は仮設住宅を用意して退去させた。しかし、人々は、向かいにできた新たなごみ投棄場所で有価物の回収を続けているという。[5]

ごみ投棄場所から有価物を回収する人たちは、スカベンジャー（scavenger）と呼ばれる。このような貧困にあえぐ人々は、決してフィリピンだけに見られるものでもなければ、過去の歴史のみに刻まれる存在でもない。今日も世界中の開発途上国で、健康被害やけがなどの危険を顧みず、生きていくために、スカベンジャーがごみの山から有価物を漁っている[6]。

一方に、一国の全予算に匹敵する年収を得る富豪が存在する。他方に、このように貧困にあえぐ人たちが生きている。ごみは、このような格差の問題を映し出す。格差も本書で考察する大きなテーマである。先に挙げた、行政と住民との間の力の格差の問題も、取り扱う。

5. 第三者への着目

チャールズ・ディケンズ（Charles Dickens）は、19世紀イギリスの大作家である。Dickensianという形容詞がある。「ディケンズを思わせる」という意味で、「特に、貧しい社会環境（the poor social conditions）、または、コミカルな悪役」を形容するときに用いる（*Oxford Dictionary of English* third edition）。このような形容詞ができるほど、ディケンズは執拗にロンドンなどの都会で貧困に喘ぐ人々を描き続けた。特に悪環境にある子どもにスポットライトを当てることが多かった。

ディケンズの最後の小説（未完を除く）『互いの友』（*Our Mutual Friend*）[7]では、ごみ収集作業員（dustman）のボフィン（Boffin）が、思わぬ遺産を受けて成金になる。善良なボフィン夫婦は、金に目がくらむことは決してなく、その善行により、物語において決定的に重要な役割を担うことになる。副主人公のひとりとみてよいだろう。どんでん返しがあるので、ボフィンの名誉のため、読むからには最後まで読み通す必要がある。

このように格差への鋭いまなざしを持つディケンズは、困難な環境にある人を助ける「第三者」をしばしば小説に登場させた。有名な『オリバー・ツイスト』（*Oliver Twist*）[8]もその１つである。オリバーは、母親が貧窮院で出産後すぐ亡くなってしまった孤児で、貧窮孤児院、葬儀屋、果ては子どもたちを使って盗みを働くこそ泥の家で暮らすなど、苦労に苦労を重ねて生きてきた。そのこそ泥のフェイギン（Fagin）は、Dickensianのコミカルな悪役の典型で、逃げ出したオリバーを執拗に追いかけ回す。そこへ登場するのが、見知らぬ「第三者」のブラウンロー（Brownlow）である。（最後に、ブラウンロー自身も知らなかった事実として、ブラウンローがオリバーと全く無関係ではなかったことが明らかにされる。）紆余曲折を経て、オリバーはブラウンローのもとで幸せに暮らすというハッピーエンドで終わる。

ディケンズは、このブラウンローのほか、『荒涼館』（*Bleak House*）[9]のジャーンディス（Jarndyce）、『リトル・ドリット』（*Little Dorrit*）[10]のアーサー・クレナム（Arthur Clennam）など、苦境にさいなまれる人を助けるたくさんの「第三者」を描いている。『大いなる遺産』(*Great Expectations*)[11]では、主人公の孤児ピップ(Pip)が、青年になって匿名の人物から遺産を贈与される。その贈り手は、なんとピップが少年時代につかの間すれ違っただけの、そしてそのとき食料などを与えた、脱走囚人であったことが、のちにわかる。

本書においても、このような「第三者」を重視して取り扱う。

ひとつのタイプは、ディケンズの描くように、困難な状況にある人々を支援する「第三者」である。健康で文化的な生活を営むことができない人々への自立支援に取り組むNGOの例も出てくる。そして、社会的格差において弱い立場にあるこのような人々とその居住コミュニティへの支援・ケアを担うという行政の役割についても論じる。

もうひとつ、本書で重視する「第三者」のタイプがある。廃棄物処理施設のようなめいわく施設の建設にあたって、地元住民と行政が対立するとき、その合意形成の仲介役となる第三者機関である。アメリカでは実際にそのような機関が活躍している。

以上、いくつかのトピックを紹介してきた。それらはいずれも、本書のテーマに関わる重要な論点を明らかにしてくれるものである。本書全体の構成を次に記す。これまでのトピックと論点を思い出していただくと、その内容をイメージしやすいと思う。

6. 本書の構成

この本は、序章と終章、および挟まれた中間の3編から成る。

「第Ⅰ編　市民と行政の対立と変容、協働」は、政策をめぐっての、市民・住民と行政の対立と、合意形成や協働に向かう市民・行政それぞれの変容を取り扱う。廃棄物処理施設立地・建設のような公共政策において、市民・住民と行政が、しばしば対立する。しかし、市民・住民も、そして行政も、変容するものである。市民・住民の変容のベクトルと、行政の政策のベクトルが、理性的(reasonable)に納得される公共性を志向する方向にあるとき、その政策の合意が形成されることが期待できる。

第1章は、廃棄物処理施設立地・建設に反対する住民と行政との対立や、合意形成、さらには協働に向かう事例を紹介する。第2章は、市民・住民の意思形成過程と、その変容を分析する。第3章は、行政の意思形成過程と、その基盤となる行政文化の変容を見ていく。

「第Ⅱ編　市民に関わる格差と葛藤」は、行政と市民との格差、そして市民の間に横たわる格差を取り上げる。

廃棄物処理施設建設をめぐる対立と合意形成において、住民と行政の間には大きな格差がある。それは、情報量の格差、コミュニケーション・説得能力の格差、そして主張への支持を調達できる社会的影響力の格差などとして現れる。このような市民・住民と行政との格差について、まず考える。

また、先述のとおり、貧困に苦しみ、健康で文化的な生活が保障されていない人々が、世界には多く存在する。廃棄物処理施設やごみ投棄場所が、このような社会的弱者の住む地域に近接している例が少なからず見られる。貧しい人々が生活のためこのような場所に引き寄せられる。また、社会的弱者の居住地を選んでこのような施設がつくられる。裕福な人たちうみ出すごみに囲まれて、貧しい人々は日々の生活を営むのに汲々としている。ごみ問題が照らし出す、人々の間に存在するこのような格差に対して、どう対処していくかを考察する。

第４章では、市民と行政の格差を取り扱う。権力を有する行政の裁量の統制についても考察する。第５章は、廃棄物焼却施設の建設のような政策の合意形成における住民たちの心情・意向を分析する。その分析結果に立って、政策形成を推進する行政が合意形成手続をいかに進めるべきかを考える。第６章では、社会的弱者のケアのあり方を中心に考察する。章の最後に、強い立場にある行政の政策の失敗が地域の人々に及ぼしてしまった被害への対処策についても、福島の原発事故を例に、整理してみる。これは、政策形成に関わっての市民と行政の格差を取り扱う第Ⅱ編の、編全体の締めくくりの考察という意味もある。

「第Ⅲ編　協働を促進する第三者の役割と課題」は、市民・住民と行政という二者関係で捉えてきた合意形成のステージに、「第三者」を登場させる。しばしば対立するこのふたつの主体は、「第三者」の仲介・支援を通じて、課題である政策や取り組みを理性的（reasonable）に評価し、やがて合意を形成する。さらに、双方が協働して政策を推進するに至らしめることさえ期待できる。このほか、社会的に弱い立場にある人々とその居住地域を支援するという「第三者」の役割についても論じる。

第７章は、住民と行政など利害関係にあるステークホルダーの間に介在する「第三者」の役割について分析し、米国に存在するような第三者機関の日本における創出を展望する。第８章は、公共的課題に向き合うとき、自身が無関係であったとしても、さらには自らステークホルダーであってさえ、「第三者」の立場をこころに抱くことを薦める章である。とりわけ公務員に向けてメッセージを贈る。

終章は、これまで本書の主張のまとめである。市民・住民が、対立を超えて合意を形成し協働することが一般的となる段階における、地域社会のありよう、まちづくりのかたちの絵姿を示す。

7. 用語の解説または本書における使い方

本書で使う用語や概念につき、その定義、または、本書におけるその取り扱いの考え方を、以下にまとめる。これ以降の記述に関心の薄い読者は、第1章に進んで、必要に応じてここへ戻り、参照していただければよい。五十音順に並べてある。

■ 合意形成を伴う公共政策（本書の射程）

図表：序1　合意形成を伴う公共政策の区分

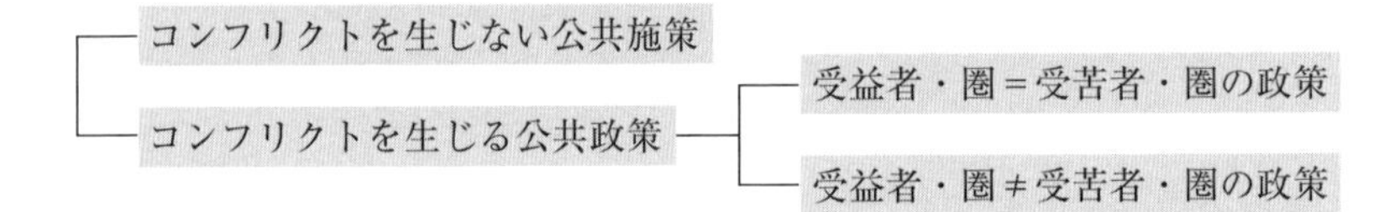

「合意形成を伴う公共政策」は、「通常コンフリクトが生じない公共政策」と「ステークホルダー間のコンフリクトが生じるおそれのある公共政策」に大別できる（図表：序1）。

このうち「ステークホルダー間のコンフリクトが生じるおそれのある公共政策」は、2つに分けることができる。1つは「受益苦同一型」政策で、「政策効果から便益を享受するステークホルダー（受益者・受益圏）と、政策効果からマイナスの影響・費用を被るステークホルダー（受苦者・受苦圏）が、おおむね同一である公共政策」である。もう1つは「受益苦乖離型」政策で、「政策効果から便益を享受するステークホルダー（受益者・受益圏）と、政策効果からマイナスの影響・費用を被るステークホルダー（受苦者・受苦圏）が、かなり乖離する公共政策」である。

本書が直接研究対象とする廃棄物処理施設の立地政策は、前者の「受益苦同一型」政策の典型である。
後者の「受益苦乖離型」政策の合意形成については、これから各章で考察を進める「受益苦同一型」政策とは異なる視点からの分析も必要である。
廃棄物処理施設は、本来、ホスト地域も含めた地域住民・市民が恩恵を被る施設である。すなわち「受益苦同一型」であるゆえ、その施設の必要性の認識がステークホルダーの間で共有されるようになると、対立が解消され、合意の形成に至りやすい。
一方、「通常コンフリクトが生じない公共政策」の合意形成についてはどうだろうか。意外に感じられるかも知れないが、このタイプの政策は、「受益苦乖離型」政策よりも本書の内容が当てはまる範囲が広いのである。
対立が生じない公共政策とは、どのような政策か。これは、対立が生じる余地がないほどに、その政策の必要性が人々に認められている政策である。
そのような政策の中は、合意形成の手続さえ必要のないものもあるだろう。例を挙げよう。2020年、世界は、新型のコロナウィルスのパンデミックが始まり、震撼させられた。コロナウィルスの予防にはマスクが有効である。日本においては、国民の間にマスク着用の必要性が広く認識されていたので、政府は啓発活動を通じて訴えるという政策手法を採れば十分であった。政策形成と推進のための合意形成の手続は必要なかった。そもそもステークホルダー（後述用語項目）としてことさら自認する主体がなかったといってよい。
それに対し、欧米では、マスク着用を強いることは個人の自由の侵害にあたるとして、反対運動が巻き起こった。そのため着用を強制し警官がチェックする政策が採られた国もあった。このような政治文化にある国々においては、国民にマスク着用を求める政策は、たとえば議会の討論を経た立法などの合意形成手続を必要とするだろう。
筆者は、関西でNPOの運営に携わる人々に市民参加・参画に関する聴き取り調査を実施したことがある 。このとき、複数の主にNPOの代表者である回答者が、次のような意見を表明したことが強く印象に残っている。「政策への市民参加の必要性を総論では理解する。しかし市民もそれぞれの生活があり忙しい。審議会などの政策参加は時間も拘束されるし勉強の手間暇が大変である。何でもかんでもその政策形成に参加することは不可能だし、したくもない。政策が遺漏無く立案され履行されることを市民は望んでいる。そのために税金を払い行政がある。市民の参画が必要なときに、その必要性にかかわる市民［＝ステークホルダー］やその政策分野が得意な市民が参加することにより政策が形成されることが望ましい。」

とはいえ、コンフリクトが生じないタイプの政策であっても、市民と行政が協働で政策を形成していくことが望ましい政策は、多々あるだろう。このような政策形成への本書の研究成果の応用・活用については、終章「6. コンフリクトが生じない公共政策の合意形成」でまとめた。

■ 市民、住民、市民参加

【市民と住民】

本書には、「市民」および「住民」が頻出する。その区別は専ら地理的エリアに依っている。住民は狭いエリアに住む人々、市民はより広域的なエリアに居住する人々を指す。市役所が建設を計画する一般廃棄物処理施設の候補地が数カ所あるとき、それぞれの候補地の近傍に住む人々が住民であり、市域内の一般住民総体は市民である。ただし、エリアの広狭は相対的である。また、「市民参加」は、多くの英文文献が citizen participation としており、それ自体定まった用語と言えるので、狭域の住民が参加する場合でも住民参加とせず市民参加の表現を用いる。市民性、市民権など、同様である。ギリシャ語のデモス、民主主義の「民」の意味では原則として市民とする。

【市民参加】

本書で用いる「市民参加」の用語は、下記アーンスタインが用いている citizen participation の意と解されたい（図表：序2のはしごの3以上）。

日本語の「参加」には、「法律上の関係に当事者以外の者が関与すること」（『広辞苑』）という意味があって、「市民参加」も「市民と議論はするけれど

図表：序2　Ladder of Citizen Participation（市民参加のはしご）（アーンスタイン）[12]

<table>
<tr><td>8. Citizen control（市民によるコントロール）</td><td rowspan="3">Degrees of citizen power
（市民権力）</td></tr>
<tr><td>7. Delegated power（市民への権限委任）</td></tr>
<tr><td>6. Partnership（市民と行政の協働）</td></tr>
<tr><td>5. Placation（行政が市民をなだめる）</td><td rowspan="3">Degrees of tokenism
（名目参加）</td></tr>
<tr><td>4. Consultation（行政が市民と相談する）</td></tr>
<tr><td>3. Informing（行政が市民に情報を提供する）</td></tr>
<tr><td>2. Therapy（行政が市民へ行う療法）</td><td rowspan="2">Nonparticipation
（無参加）</td></tr>
<tr><td>1. Manipulation（行政が操作）</td></tr>
</table>

も最終決定と実行は行政の責任において進める」という含意も感じさせる。一方、participateの語源（ラテン語）は、part + takeで、関与する者が担い手として関係事象のパーツのひとつをテイクすること、すなわち当事者となることを意味する（*Oxford Dictionary of English* Third Edition）。

本書における「市民参加」は、市民が当事者＝ステークホルダーであることを前提としており、「市民の参画・協働」までを含むものであると理解されたい。

■ ステークホルダー

ステークホルダーは、経営学では企業に対して影響を及ぼす主体を指して使われる傾向がみられる[13]。一方、企業倫理の観点あるいは企業を取り巻く環境を積極的にマネジメントしていこうという観点からは、企業活動が影響を与える主体も含めてステークホルダーとみなされる[14]。環境政策の研究でいうステークホルダーは後者の用法に近く、人間活動が影響を及ぼす主体を念頭に置いて用いられることが多い[15]。とはいえ環境からサービスを受け取る主体を指す用語としても使われている[16]。

本書では、フリーマンにしたがって、「ステークホルダーとは、その団体の目標（objectives）の達成に影響を与えうる、またはその団体の目標の達成によって影響を受けうる、グループまたは個人である」[17]と定義する。とりわけ後者の、団体が影響を及ぼす主体について強く意識して用いている。

実際のところ、作為主体とステークホルダーとの関係は双方向的で、大なり小なり影響を与え合うことになる。そこで、合意形成の場における対等のアクターを指すときは、第一次作為主体（当初に引き金を引いたアクター）も含めてステークホルダーと呼ぶ。

■ 地方政府、地方自治体

これ以降、本書における地方自治関係の用語は次のとおり用いる。「地方自治体（自治体）」とは、そのエリア内の市民（全住民）を主体とし、地方議会と地方政府を含む。「地方政府」とは、行政組織としての都道府県庁・市役所（特別区区役所を含む）・町役場・村役場である。（議会も地方政府に含まないこととする。含める論者もある。）○○県、○○市などと統治体を呼ぶとき、それは自治体と同義（＝市民・住民を必ず含む；県庁や市役所の意ではない）である（異なる意味で用いるときは断り書きを付している）。法律により一般廃棄物処理は市町村（特別区を含む表現）の責務であるので[18]、本文では、その事務事業執行行政機関を市町村政府（あるいは、○○市役所など）としている。なお、法律でいう市町村は、自治体を指すから、市町村民を含む。地方公共団体（法律用語）は、自治体（法律用語ではない）と同義である。本書では、特に憲法で保障された団体自治、すなわち、国との対比における地方自治の統治主体である自治体の性格を強調する場合に、地方公共団体という用語を用いる。

■ NIMBY

NIMBYはNot In My Back Yardの頭文字をつなげた造語で、めいわく施設の合意形成問題などの論文に1980年代から散見されるようになり、その後一気に普及した。NIMBYは、公共的観点から必要とされる施設にホスト予定地域住民が反対するという社会的ジレンマ現象を表すことばとして使われ出した。平たく言えば、ホスト地区住民がいやがっている、この実態をとりたてて強調するときに用いられる、事象・現象を形容する用語であった。

筆者は、本書において、NIMBYという用語は、紹介するのみで積極的には用いていない。それは次のような理由による。NIMBYが表すものは「人間の自愛心・利己心に由来する本能的反応としてめいわく施設を拒否する現象」であるとしよう。仮にそのような住民の性格を認めるとしても、本書の研究は、住民たちの学習による変容のプロセスを経て、熟議による私的利害を超えた合意形成に至る過程を論じている。NIMBYをとりたてて強調する論者の、一部ではあるがしかしよく見受ける、利己主義動機一辺倒による分析には疑問を感じるのである。

さらには、当初段階において住民が私益の侵害への反発を動機として施設立地に反対するものなのかどうかは、一概には断じ得ないとも考えている。確かに私憤による反対運動であったとしても、その私憤の原因は、行政手続に対する不満や、不当・不正義への怒りであったりすることも多い。私益を捨てて運動の旗に集う人々も存在する。

いずれにせよ、ウォルシンクの次のことばは的を射たものである。「もしNIMBYという用語が議論をうむ土地利用立地に対するコミュニティの抵抗を表すのみのものであるならば、それは実際のところ如何なる説明的価値をも有していない単なるラベルにすぎないものとなる」[19]。ラベリングはしばしばそれを貼られる者たちに向けるラベル使用者のネガティブ評価の（無）意識を垣間見せる。

■ 変容

本書では、「変容」という用語が頻出する。その意味は、個人や組織が、価値観や意見を変え、行動に向かう前段としての態度を変え、そして行動を変える、そのような変化である。すなわち、単なる外形上の変化（行動や制度等の変化）のみにとどまらない、個人の内面の意識や組織内の規範の変化を伴うものである。

■ めいわく施設

本書において、観察者が迷惑と感じる施設を「めいわく施設」と、ひらがなを用いて表記する。例えば廃棄物処理施設に対して住民が主観リスク（perceived risk）を感じて安心できないとき、実際にはその施設が安全なものであろうとも、住民にとってそれは「めいわく施設」となる。

本当に迷惑な施設なら地域の市民（自治体）はそのような施設を建設、稼働しないだろう。健康に有害なレベルのダイオキシンを発生させているとわかった焼却炉は即座に稼働を停止して廃炉にするだろうし[20]、市の水道管が鉛で水道水を汚染していると判明したら水道の使用を中止するだろう[21]。

なお、「嫌悪施設」という用語もこの分野でよく用いられる。漢字の「迷惑施設」と同義、すなわち、評価主体の主観に着目しない、実際に迷惑となる施設、と理解されたい。

8. 本書の内容に関係する基本的な考え方や研究の姿勢

本書は、筆者が名古屋学院大学から博士の学位を授与された論文に基づいている。審査の過程で4名の審査員から多くのご意見をたまわった。そのおかげで、筆者の研究成果が見違えるほど彫琢できたことを、深く感謝している。これらのご指摘への応答として書き込んだもののなかに、本書の内容に関連しての、研究の姿勢・基本的考え方があった。その一部は、本書全体のストーリーに直接にかかわらないこともあって、本書では割愛した。

また、学位論文では、先行研究を整理してある。これも、読者が直接本書を読み通すにあたっては必要なものとはいえないので、読みやすさを考慮して記述を見合わせた。

以上、本書に盛り込めなかったものについては、名古屋学院大学ホームページ内の「名古屋学院大学デポジトリ」で公開されている学位論文で確認できる。関心のある読者はぜひ参照していただきたい。
ここでは、省略した内容の概略のみを次節に記す。

タイトル:「公共政策の合意形成過程 ―廃棄物処理施設立地をめぐる市民・行政・第三者のあり方―」
著者:濱　真理
https://ngu.repo.nii.ac.jp/?action=pages_view_main&active_action=repository_view_main_item_detail&item_id=1393&item_no=1&page_id=13&block_id=49
(名古屋学院大学のホームページのサイト内検索で「濱真理」をキーワードに検索し、「経営政策専攻 博士後期課程 | 大学院 | 名古屋学院大学」へ進むとアクセスしやすい。)

■ 基本的考え方・研究の姿勢

【本書の研究の背景にある価値観・規範性】

これは、具体的には、本書の研究が、思想の系譜として、功利主義につながっているのか、あるいは、ジョン・ロールズの『正義論』[22]につながっているのか、という問いである。
結論としては、次のように記している(学位論文序章、一部改変)。

「正義の理論」と「功利主義」の対置において、筆者の研究は「正義の理論」に属する。このように特徴付けられるもっとも大きな要素は、“公正としての正義”に基づく熟議による合意形成の場を重視する点にある。「貧困に苦しみ、健康で文化的な生活が保障されていない人々」に注ぐ視線も、基本的には“公正としての正義”の問題意識から発している。
ただし、これは本書の研究のタイプを言っているのであって、人々が功利的判断に基づいて行動することを軽視しているのではないことを、念のため記しておく。特に、政治・宗教・特定のミッションに集う組織以外の、行政や町内会などの大きな団体は、平時はもっぱら合理的判断に基づき行動すると考える。ロールズも、原初状態[第6章4.2参照]における人々がrational(合理的)であると再三述べている。

【市民参加研究と価値観、規範性】

筆者は、先行研究のうち、市民参加に関する研究を重視し、また多くを負っている。

日本の市民参加の研究は、市民の政策形成への参加が十分に考慮されていない政治・行政環境にあって、市民参加の必要性を提唱するものであった。その日本の市民参加研究に、この章で紹介したアーンスタインの研究は大きな影響も及ぼした。彼女の国アメリカの市民参加研究においても、市民権運動（公民権運動、civil rights movement）の時代に、市民参加研究は花開いた。

したがって、その出自から、市民参加の研究は規範性を帯びていた。本書が直接のテーマとする合意形成の研究も、やはり同様の規範的側面がひとつの水脈として流れている。そして、その水脈は、合意形成研究の先にあるまちづくりの研究にも注ぎ及んでいると感じている。

【先行研究】

先行研究については、学位論文を参照していただきたい。以下のように整理してある。

1　紛争に至るめいわく施設の合意形成プロセスの研究
2　市民参加の研究
　2-1　市民参加が望ましいとする通説的研究
　2-2　市民参加に懐疑的な研究
　2-3　市民参加とその研究の最近の動向
3　その他の合意形成関連研究［経済学など］

なお、合意形成の研究は、海外での研究が充実している。このため、多くの英文論文を参照した。関心のある読者は、学位論文の巻末の「参考文献」を確認していただくとよい。

［注釈］

1　以上、新井智一（2011）「東京都小金井市における新ごみ処理場建設場所をめぐる問題」、地学雑誌、120(4)、676-691
「小金井のゴミ問題はそれからどうなったのか」（Timesteps ホームページ、2016.3.11、https://timesteps.net/archives/5191796.html）

浅川清流環境組合ホームページ https://cms.upcs.jp/asakawa/index.cfm/1,html

2 山本甫（1992）「ごみ焼却工場の建設－その実施について」（前編）（後編）『都市清掃』45（189）、387-394、45（190）、490-494

3 大住広人（1972）『ゴミ戦争』、学陽書房、p.242

4 http://scaven.office4-pro.com/。続編は、『神の子たち』http://kaminoko.office4-pro.com/。そのさらに続編『BASURA バスーラ』も制作されているが、筆者は未鑑賞。

5 http://scaven.office4-pro.com/

6 Waste-pickers Down in the dumps, *The Economist*, Dec. 19th, 2020, pp.91-92., Tunisia Bad smells everywhere, *The Economist*, Nov. 20th, 2021, p.45., Making a living in plastic Plagued by pollution, Senegal wants to replace pickers with more formal recycling system, *The New York Times* International Edition, Feb. 4, 2022, p.1 and p.7.

7 Dickens, Charles (1865). *Our Mutual Friend*, London: Chapman & Hall.、筆者が参照した版は、(2017). *Our Mutual Friend*. New York: Dover Publications.。以下、ディケンズは邦訳が多数あり、ここでの記載は略す。

8 Dickens, Charles (1838). *Oliver Twist*, London: Richard Bentley. ((2003). *Oliver Twist*. London: Penguin Books.)

9 Dickens, Charles (1853). *Bleak House*, London: Bradbury and Evans. ((2017). *Bleak House*. New York: Dover Publications.)

10 Dickens, Charles (1857). *Little Dorrit*, London: Bradbury and Evans. ((2002). *Little Dorrit*. Hertfordshire: Wordsworth Editions.)

11 Dickens, Charles (1861). *Great Expectations*, London: Chapman & Hall. ((2003). *Great Expectations*. London: Penguin Books.)

12 Arnstein, Sherry R. (1969). Ladder of Citizen Participation. *Journal of the American Institute of Planners*, 35(4), 216-234., p.217 から作成。

13 Mitchell, Ronald, Agle, Bradley R., Wood, Donna J. (1997). Toward a Theory of Stakeholder Identification and Salience: Defining the Principle of Who and What Really Counts. *Academy of Management Review*, (22)4, 853-886.

14 Kaler, John (2002). Morality and Strategy in Stakeholder Identification. *Journal of Business Ethics*, 39, 91-99.
Freeman, R. Edward (1984). *Strategic Management*. London: Pitman Publishing. ((reprinted 2010). Cambridge: Cambridge University Press. 引用のページは本文献（2010））

15 例として Boiko, Patricia E., Morrill, Richard L., Eláine, James, Faustman, M., Belle, Gerald van, Omenn, Gilberts (1996). Who Holds the Stakes? A Case Study of Stakeholder Identification of Two Nuclear Production Sites. *Risk Analysis*, 16(2), 237-249.

16 例として Hein, Lars, Koppen, Kris van, Groot, Rudolf S. de, Ierland, Ekko C. van (2006). Spatial Scales, Stakeholders and the Valuation of Ecosystem services. *Ecological Economics*, 57, 209-228.

17 Freeman. *op. cit.*, p.46 他。訳は引用者。

18 廃棄物処理法第６条の２は、「市町村は、一般廃棄物処理計画に従って、その区域内における一般廃棄物を生活環境の保全上支障が生じないうちに収集し、これを運搬し、及び処分（再生することを含む。…［略］…）しなければならない。」と規定する。

19 Wolsink, Maarten (2007). Planning of Renewable Schemes: Deliberative and Fair Decision-making on Landscape Issues Instead of Reproachful Accusations of Non-cooperation. *Energy Policy*, 35, 2692-2704., p.2700。訳は引用者による。

20 大阪府能勢町にあった豊能郡環境施設組合の焼却施設の事例。第5章で詳述。

21 米国ミシガン州フリント市における、2015年の、水道水（管）が鉛で汚染されていたことが判明した事例。この場合めいわく施設でなかった上水道が事実判明の時点で突然迷惑施設として立ちはだかった。

22 Rawls, John (1971). *A Theory of Justice*. Cambridge, Mass.: Harvard University Press. ((1999). revised edition.)（初版：矢島鈞次監訳（1979）『正義論』、紀伊國屋書店、改訂版：川本隆史・福間聡・神島裕子訳（2010）『正義論』、紀伊國屋書店）

第Ⅰ編

市民と行政の対立と変容、協働

協働へのまなざし

自治体の廃棄物処理施設が、町内のすぐそこに建設される。この計画を知った住民たちが、役所を相手に、激烈な建設反対運動を繰り広げる。一方の行政も後には引かない。あらゆる手段を尽くして施設の建設を決行しようとする。融和の糸口は見えず、ついには法廷闘争に発展する。

このように激しく対立した住民と行政が、やがて廃棄物処理施設を共同管理するようになる。両者の協働は深まり、老朽化した施設の建て替えも円滑に合意されるに至る。

第１章で、まず以上のような事例を紹介する。

それでは、対立する住民と行政が、このように、やがて手を取り合って政策を推進するに至るのはなぜなのか。

第２章では、市民・住民が、学習を重ねて変容していくことを明らかにする。その変容の過程で公共的課題に理性的に向き合うまなざしが培われ、行政との協働が実現することを示す。

一方の行政も、市民・住民との協働に向かう方向に変容する。そのメカニズムなどをついて第３章で詳しく考える。

第1章

廃棄物焼却施設をめぐる住民と行政の対立と協働

大阪市住之江工場と東京都杉並清掃工場の建設を中心にして

この章では、廃棄物処理施設の建設をめぐる住民たちによる大規模な対行政闘争の事例を取り上げる。

一つは、大阪市の一般廃棄物焼却施設、住之江工場の立地をめぐる住民たちの反対運動を紹介する。住民たちは最高裁まで争った。しかし、焼却施設は行政の計画どおりに建設された。住民たちと行政の和解はついになかった。劇になぞらえれば悲劇と言えようか。

二つ目は、東京都の杉並清掃工場である。

その第1幕は、美濃部知事が「ごみ戦争」を宣言するなどして大々的に報道され、全国的によく知られることとなった。住民たちが建設反対運動を繰り広げ、都庁との大紛争に発展した。これは東京地裁の和解勧告で決着する。

実はこの後第2幕がある。清掃工場建設の後、運営協議会が設けられ、ここに住民たちが参加し、行政・住民協働による施設運営が進められる。やがて施設の老朽化により建て替えの時期がやってきた。住民たちは、同一敷地内での施設建設に同意する。今度は何の混乱もなく新しい清掃工場が竣工する。ハッピーエンドに終わる劇となる。

続く各章における分析の都合上、それぞれの事例において、まず 1概要を、次いで 2住民たちの学習の過程を、さらに 3行政以外の政治アクターである首長や議会の対応経過を説明する。

Ⅰ 廃棄物焼却施設大阪市住之江工場の建設をめぐる住民と行政の紛争

1. 大阪市住之江工場の事例の概要

大阪市住之江区の一般廃棄物焼却施設「住之江工場」の反対運動は、大阪市を相手取って住民が裁判を提起し、最高裁まで争った事例である[23]。

大阪市役所（以下、「市」という。）は、1963年に竣工した旧住之江工場が老朽化したため建て替えを計画した。旧工場の用地が狭小なので別の用地に新しい工場を建設することを市内部で決定し、地元選出議員や地元有力者に説明を始めた。やがて近隣住民が広く知るところとなり、1982年3月に建設反対同盟の決起集会がこの地域の小学校で開かれるに至った。市は、環境アセスメントのための環境調査実施、アセスメント委員会の開催と、着々と手続きを進め、1984年1月には環境アセスメントの最終報告書がまとめられた。1884年2月に140人程度とされる住民が何台かのバスをチャーターして市役所に出向いて抗議行動を行った。

1984年11月、住民は大阪地裁に住之江工場建設工事禁止仮処分命令申請を提出した。以降複数の提訴を重ね（図表：1.1参照）、最高裁まで争った（住民の上告棄却）。この間、市は、一貫して反対運動に対峙する姿勢を貫いた。例えば、1986年12月13日の読売新聞夕刊によれば、市環境事業局（工場建設担当局）幹部が反対運動を攻撃するビラを建設業者に配布させ、見返りとしてこの業者に建設工事の仕事を斡旋した[24]。

反対する住民と市は和解することなく、現在（2022年）に至っている。筆者が聴き取りを行った反対運動のリーダーは、いまも市の一方的な対応を問題として記憶に刻み付けている。

大阪市住之江工場の場合、立地する場所の決定は一切住民の意見を確認せずに行政内部で秘密裏に行われた。行政は地域住民の反対運動には徹底的に対峙する姿勢を示し、金銭などさまざまな便宜を供与しようと働きかけたとされる（住民への聴き取りによる）一方、先に挙げた新聞記事にあるように露骨な「反対運動つぶし」に奔走した。いわば飴と鞭を駆使して内部決定した既定政策を断行していったのである。

この事例では、行政は、ついに合意形成の場を設定して住民に参加を呼び

図表：1.1　住之江工場裁判の経過

1984.11.28	住之江工場建設工事禁止仮処分命令申請提出
1985.10.21	住之江ごみ焼却場建設費用差止、一般廃棄物処理手数料減免措置差止住民監査請求
10.30	住之江区ごみ焼却場建設費用差止住民監査請求却下決定
11.27	同請求にかかる住民訴訟提起
12.11	一般廃棄物処理手数料減免措置差止住民監査請求棄却決定
12.12	住之江工場建替え着工
1986. 1.10	一般廃棄物処理手数料減免措置差止住民訴訟提起
1988. 8. 1	住之江工場操業開始
10.25	住之江ごみ焼却場操業費用並びに鶴見ごみ焼却場建設費用及び操業費用支出差止の住民監査請求
12.22	同請求について「理由なし」の決定
1989. 1. 1	同請求にかかる住民訴訟提起
1991.12.20	ごみ焼却場（住之江・鶴見）建設及び操業費用支出差止請求（住民訴訟）、一般廃棄物処理手数料減免措置差止請求（住民訴訟）の両事件の却下判決（大阪地裁）
12.27	同上判決を不服とし大阪高裁へ控訴
1992. 1.27	住之江工場建設工事禁止仮処分命令申請事件の棄却判決（大阪地裁）
2.20	同上判決を不服とし大阪高裁へ控訴
1996.12.20	一般廃棄物処理手数料減免措置差止請求控訴事件の棄却判決（大阪高裁）
1997. 9.26	ごみ焼却場建設費用等支出差止請求控訴事件の棄却判決（大阪高裁）
1999. 7.16	一般廃棄物処理手数料減免措置差止請求上告事件の棄却判決（最高裁）

注：出所：おおさか環境事業120年史編集委員会（2010）『大阪市の環境事業120年の歩み』、（財）大阪市環境事業協会、p.145、一部引用者改

かけることをしなかった。反対する住民もまた、焼却施設が竣工し裁判闘争に敗れて以降今日に至るまで、一時たりとも何らかの合意形成のための市民参加の場に参加しようとは思い得なかった。

2. 大阪市住之江工場の事例における住民たちの学習の過程

[対行政反対運動が住民たちの学習による変容を促す]

これは、コンフリクトが完全対立のまま終始した事例である。しかし、筆者が聴き取った反対運動のリーダーの現在に至るまでの活動が、住民が学習を経て公共志向に向かうよい例を示してくれる。[25]

このリーダーは、現在、自ら立ち上げたNPOの代表をしている。主な活動は、市役所の政策（廃棄物に限らず市政全般）の監視、すなわち、もっぱら情報公開制度を活用して政策情報を入手・分析したうえで、市役所に出向いて政策の問題点を指摘し改善を求めるというものである。50名程度のメンバーがこのNPOに参加し、この市民運動に携わっているという。

この情報重視の考え方、そして情報を解釈して公共政策の問題点を摘出し是正策を案出するという知的作業能力は、反対運動を展開する中で培われた。

リーダーたちは、運動を進める中で、周辺都市で排出された一般廃棄物が、大阪市一般廃棄物収集運搬許可業者[26]を介して、あたかも大阪市内の廃棄物であるかのように装って大阪市の廃棄物焼却施設に持ち込まれているという情報を入手した。そこで幾度も現場（市域外収集現場→市焼却施設への搬入現場）の確認を重ね実態を把握した。かくて、これらルール違反のごみを排除すれば新設予定の焼却施設は不要であると確信するに至り、裁判闘争を展開したのだった。

裁判での住民の論理構成は、市域外で排出されたごみが大阪市焼却施設に搬入されており、これを排除することが法制度に照らし妥当であって、それにより結果として焼却施設の新たな建設が不要となる、というものであった。廃棄物の処理及び清掃に関する法律では一般廃棄物の処理はそれぞれの市町村の責務とされている[27]。市町村間の正式な協定に基づくことなく市域外の一般廃棄物を処理施設に搬入することは法の趣旨に反するのである。

これに伴い、裁判の証拠となる情報の収集・蓄積とその分析・解釈そして主張構成に膨大な時間と知的エネルギーが費やされたのである。

この事例では、市役所（環境事業局［当時］）は住民たちに秘密裏に施設建設の計画を立案しその実現に向けて行動を貫き進めた。したがって市役所は当初から情報を開示しない姿勢を示していた。この事例において住民たちは常に行政の権力性を強く感じ続けてきた。そして住民、市民が行政という権力と立ち向かうとき、情報がまず大きな武器となることを経験から認識していった。

[住民たちの学習の過程]

それでは、住民たちの学習の過程を具体的にみていこう。

住民たちは、全国の反対運動の現場を視察して、施設や周辺の環境を確認するとともに、それらの地域の人々と交流し多くを学んだ。

また、複数の大学教員を講師として招いて何度も勉強会も開催した。大学教員の１人は、その後長くこの地の住民の運動に参加して住民たちにアドバイスを与え続けている。

さらに住民は弁護士の支援も求め、その交流においても学習を重ねた。[28]

マスコミ関係者とも取材を通じてコミュニケーションが交わされるようになった。そのうちの１人は、事実を知るにつれ住民への理解を深め、積極的にテレビのニュース番組で報道を続けた。この記者は、行政取材も含めて集めた客観的な事実のパズルを組み立てて解釈しストーリーとしてまとめる作業を住民と共に進めた。カメラを担いで住民といっしょに現場取材にも同行した[29]。これは、事実を広く報道して視聴者に知らしめるのみならず、住之江地元住民の学習過程を深める役割を果たすことにもなった。

住民たちは、週に１回会合を開いて、問題を分析しその対応方法を議論した。運動から離散していく住民もいる一方、子どもの健康への懸念を抱くPTA関係者など熱心に会合への参加を継続する住民もあった。個人的な関心に響き合うものがあると学習意欲が維持され高揚するといえる。

このようにして学習を重ねるにつれ、地域の私的利益を超えてより公共的に問題を捉える視点が形成されるようになった。その促進要因のひとつとして、反対運動を進めるため外部の人々の共感を得ようとすると、私益・私憤の主張にとどまらない客観的・公共的見解の訴えが不可欠であるという、経験により獲得された認識が挙げられる。

まして裁判で争うならなおさらである。筆者が聴き取りをした住民（運動のリーダー）によると、とりわけ裁判のために論理を緻密に構成するには、さまざまな情報が必要であるため、情報収集や現地調査を重ねたという。

こうして運動が知られるようになると、タレコミ情報が入るようにもなった。

この時の経験から情報の重要性を痛感し、自治体等の情報公開制度（当時対象地域において未整備）の必要性・意義を実感した。また客観的な情報は行政の不正、不適切な行動を指摘する「武器」になる、こう住民は語ってくれた。

3. 大阪市住之江工場の事例における市長、議員の対応

次に、大阪市住之江工場の移設建て替えの経過における行政以外の政治アクターのふるまいを確認する[30]。

ここで想定される政治アクターは市長と地元議員である。

[市長の関与]

大阪市長は、もっぱら行政のトップとしての役割のみを担い、政治的な動きは確認できなかった。担当部署が案を作成して関係者（議員、庁内関係部局・区、助役［当時］など）と調整（根回し）し、市長に説明して了承を得る、という政策形成のスタイルであった。

この紛争が勃発（1982年）してから最高裁において上告棄却の判決（1999年）が出るまでに3人の市長が職に就いていた。そのうち最初の市長は、1971年12月20日から1987年12月18日まで4期にわたり市政を率いてきた。この時期の大阪市役所の政策形成のあり様について、反対運動を展開した住民のリーダーは次のようであったと振り返っている。すなわち、廃棄物政策に限らず市政全般にわたり、市役所が計画して、ステークホルダーと調整し了解を取り付けていき[31]、一般の住民はその結果を最終的に受け入れるだけであった。その進め方は、理よりも情に訴え、公益の説得よりも代償をもっての了解・承諾を働きかけるものであった。その行政側アクターは市役所職員で、ステークホルダーの地位や影響力によって対応する役職が割り当てられていた。

つまり、この時期の大阪市政は、市長が政治的リーダーシップを発揮する政策形成の対極にある、行政主導型の政策形成を特徴としていた。

[議会・議員の関与]

次に、議会の動きを見よう。市議会（大阪市会という）の議員は、行政区別に定員があり、住之江区は4人であった。当時の議員を会派別にみると、自民、公明、共産、そして残るひとつは民社と社会が入れ替わりながら議席を埋めていた。

地元住民は議員に働きかけた。反対運動当初は、地元出身の共産と公明の議員に紹介を依頼して、市会に請願書[32]を提出した。当初了解していた公明の議員は、直前になって、会派の方針であるとして、紹介を取りやめた。なおこの請願は議会で採択されなかった。

反対運動開始当初から参加していた住民が市会議員に民社所属で立候補することになった。反対運動を進める住民たちは積極的に支援し、この住民は議員に初当選した。2期目の選挙の前、この議員は、会派の方針であるとして、この住民運動から手を引くと申し入れてきた。2期目の選挙でも当選した。この議員の3期目にあたる選挙において、住民運動のリーダーは市会議員選挙に立候補した。結果は、このリーダー、そして先の民社議員ともに落選となった。

鮮明に市役所側に立って、場所を変えての新焼却工場建設を支持した議員もいた。この議員は、建て替え前の旧工場の立地していたエリアにおける旧工場移転後の周辺土地利用に関心があったことから、場所を移しての新工場建設に熱心であったのだ、とするのがこのリーダーの評価である。すなわち、この議員の場合は、単に行政側の働きかけを承認したのではなく、より積極的、主体的な意思も働いて行動した、という見立てである。

大阪市の当時の政治地図からは、共産以外の会派がすべて与党となり、市役所の職員労働組合とも共闘して、歴代の市長を当選させてきた構図がみてとれる。総じて、この事例が進行していた時期の政治環境では、行政が進める政策形成において大きな反対が呈されることはまれであった。住之江工場の建て替え政策においても、野党会派で市役所の各政策に多く異を唱えた共産のみが、しばしば反対意見を主張した。しかし、闘っている住民に歩調を合わせる姿勢では必ずしもなかったようである。住民運動リーダーによれば、国会議員も含めて同会派・党側が市役所側と非公式にやりとりをしていた経過もあるとされ、必ずしも行政側の調整活動（根回し）を門前払いしていたわけではなかった。

以上をまとめると、住之江工場の建て替えは、行政側が当時の市役所の標準手続きと発想枠（第3章で論じる）に則って政治アクターとも調整を重ねながら政策を形成・推進していった事例、とみなせよう。住民運動のリーダーは、自分たちの運動を「かたくな」であったという意味の表現で形容した。行政側は、当初、利害得失の条件を確認したり見返りの便益を提示していくならばステークホルダーはいつか「落ちる」（リーダーのことば）ものであると想定していた。このような「かたくな」な反対運動に発展していくとは予想だにしなかったのではないか、リーダーは筆者の聴き取りをこう結んだ。

II 東京都杉並清掃工場の建設をめぐる住民と行政の対立と協働

4. 東京都杉並清掃工場の事例の概要

杉並工場建設反対運動は、廃棄物処理施設建設に対する住民の反対運動が広く耳目を集めることとなった嚆矢と言え、日本の廃棄物政策史上に残る出来事となった。さらに、30年後のこの清掃工場の建て替えを巡る地元住民の動向も、本書の考察に重要な示唆を与えてくれる。[33]

この事例は、2期に大別される。第1期は、東京都庁（以下、「都」）が杉並工場の高井戸への立地を公表した1966年から東京地裁の勧告により和解が成立した1974年までの時期である。第2期は、施設建設以降、住民が運営協議会のメンバーとして工場の運営への参加を継続し、2007年に工場建て替えが東京二十三区清掃一部事務組合から提案され、翌2008年に地元が同意し、2017年に新施設が建設されて、現在に至る。

[第1期—清掃工場建設反対運動]

第1期については、地元住民が発行した2つの文献[34]が、住民が行政のふるまいをどう受け止めどのように行動したかを記録していて大変興味深い。

1966年、都は、杉並区高井戸地区に一般廃棄物を焼却する清掃工場を建設する計画を、地元への新聞折り込みチラシなどにより突然公表した。ちらしにより焼却工場の建設を都が計画していることを知った住民は、5日後に反対期成同盟を結成した。都は強制収容の手続きを進め、住民側は一斗缶で「武装」して、これをガンガン叩いて都職員や測量業者などを追い返すという闘争を展開した。対話を標榜する美濃部都知事も、統括能力を欠きその場限りのあいまいな発言を繰り返す頼りにならない交渉相手としてしか、住民には評価しえなかった。

この間、都知事の「ごみ戦争」宣言、ごみ埋立地の地元江東区からの杉並のごみの江東区への搬入阻止の動きがくすぶり始めるなど、事態は緊迫度を増した。このような中、1972年、都知事と反対住民の対話の場で、都知事は高井戸の用地決定をいったん白紙に戻した。改めて、用地決定のために、都区懇談会での検討が開始された。その後、懇談会で候補に挙げられた5地区住民側が、都区懇談会の検討の議論に納得できず会議を流会させるに至る実力行使におよび、混乱が激化した。ごみ埋立地「夢の島」の地元江東区関係者による2度の杉並ごみ搬入阻止行動、住民に向けた地域エゴ攻撃の世論など、住民を取り巻く環境は厳しさを増した。ついには73年、都区懇談会が、5地区のうち高井戸地区が建設用地として最もふさわしいとする決定を下した。高井戸の住民はいわば四面楚歌の状態に陥れられた。加えて、このような風向きにも助けられたか、都知事は、用地を強制収容しないと約束した前言を翻すなど、対話路線も迷走した。

以上のような事態にあって、74年、住民が提訴していた東京地裁から、和解勧告が出されたのである。この勧告の受諾も住民たちにとっては容易ではなく、カリスマ的リーダーによる決断を住民たちが受け入れてようやく決着した。

和解の時点では、行政を信頼してともに政策の合意を形成するという心情は、立地予定地周辺住民にとってとても抱きえなかった。しかし、建設にゴーサインを出した以上は、信用できない都に工場の仕様決定や運営をゆだねることはとても許せることではなかった。そこで、都との常設の協議の場において、和解条項が遵守されるよう、いわば監視することとなった。これがこの事例の第2期の始まりとなった。その後、住民が工場運営協議会に恒常的に参加し、施設で行政と協働で運営するに至るのである。

[第2期—清掃工場建て替えの円滑な合意形成]

時を経て工場が老朽化し建て替える時期がきた。2007年、東京二十三区清掃一部事務組合（都から23区へ清掃事業が移管されたことに伴い2000年に設立された）により地元住民に現地建て替えの事前打診と運営協議会の場での正式提案がなされた。翌2008年には住民が合意した。23区の清掃工場への建て替えの合意に要した時間としては顕著に短い、早期合意であった（東京二十三区清掃一部事務組合職員からの聴き取り）。その後竣工に向け、住民が参画して新施設の仕様について話し合われた。2017年9月30日に新工場が竣工した。

当初はやむなく工場の運営協議会に参加した住民たちが、やがて同工場の同一敷地内での建て替えに驚くほどスムースに同意するようになったことは、極めて示唆的な事実である。この第2期の住民や行政の日常的な行動と接触の雰囲気は、東京二十三区清掃一部事務組合による文献と映像[35]で垣間見ることができる。一言でいえば、和解勧告受諾から建て替え合意までの34年間に、住民と行政との間に信頼感が醸成されたのである。

住民はいつしかあたかも清掃工場の共同所有・経営者であるような意識を抱くようになったのであろう。（そして事実上共同経営者であった。）年老いて病床についた反対運動の初代リーダーが、入院時に清掃工場の煙突の見える病室を選び、日々工場の煙突の煙（正確にはほとんど水蒸気）を眺めながら工場が無事運転されていることを確認した、というエピソードがこれをよく物語っている。

ここで重要な点は、経過期を過ぎ日常的に工場運営を進める段階に入ると、都知事や都庁幹部のようなそれまでの役者たちは舞台の後景に退き、変わって行政の看板を背負うメイン・アクターとなったのは杉並工場の運営を命じられた現場公務員たちであったことである。住民たちは新たな役者に接するとき何かホッとする気持ちがあったのではなかろうか。こじれ切った人間関係は双方にとってストレスフルである。これから関係をリセットして再スタートできるとき、住民側には新たに「戦場」へ派遣された行政側役者への配慮の気持ちがあったかも知れない。一方新たな役者である公務員たちは、住民とうまく折り合いをつけて工場を運営していくことが使命である。住民と対峙した旧役者たちとはまったく正反対の立場といえる。良い関係が育まれる潜在的条件はあったといえよう。

とはいえ、住民たちにとっては、もともと骨の髄まで憎かったであろう行政と席を並べる合意形成の場であった。そのような場であってさえも、いったん合意形成の場への参加に合意して時間と回数を重ねて関係を継続し、学習を深め、議論していけば、政策的課題について新たな合意に到達しうることを、この事例は示している。

工場の同一敷地建て替えについては、地元で反対意見もあったようである。30年間高井戸が工場用地を提供してきたのだから、新しい工場は杉並の別の地域に建てることを要求すべきだ、というのである。しかし、「高井戸の住民運動は、一部が非難するようにただただ地域エゴで建設反対を訴えたのではなかった、そして30年間工場運営に参加して環境対策など全国に誇り得るレベルの工場を維持してきた高井戸住民にとって、どのような理屈で、工場をよそへ持っていけ、と言えるのか」、という住民内（とりわけ現リーダー）

の意見は、説得力があったようである[36]。(以上、杉並清掃工場職員聴き取り内容)
合意形成の場に参加して学習と議論を積み重ねると、理性的に納得の得られない選択肢は自ずと採用され難くなるということも、この杉並の事例は教えてくれる。

5. 杉並清掃工場の事例における住民たちの学習の過程

この事例でも、闘争期に住民たちは学習を重ねた。

さらに、和解が成立し、清掃工場が竣工すると、住民たちは日常的に運営協議会に参加し、ここで情報に接しながら行政職員と意見交換をして、協働で工場の運営管理を進めていった。これは学習の継続を意味する。

そのような学習による変容の成果は、和解成立の後に住民たちが発刊した書籍にも垣間見ることができる。東京都(直接的には、代表としての知事)との和解に伴い、1980年、住民たちは財団法人杉並正用記念財団を設立した。地元に対し東京都から支払われた土地売却益などを公共目的のため管理して廃棄物問題の研究や啓発を行うための組織である。この財団法人が『世界の清掃事業の歩み』を出版した[37]。この出版物の中で、当時の同財団理事長(建設反対住民運動のリーダーであった)は、「今日、世界各国の廃棄物処理の実情はどのようになっているのだろうか、先進国のゴミ処理はどんな実情にあるのか、長年ゴミ問題取り組んで参りましたが[ママ]私共にとって非常に関心のあるところであります」(「発刊のことば」)と記している。学習がさらなる学習を促す、そのような一例である。

30年以上が経過し、住民たちは老朽化した清掃工場の同一敷地における建て替えに同意した。これはすなわち30数年間運営協議会の場で積み重ねた学習の帰結であった。この時、住民たちは工場建て替えをパブリックな課題としてとらえて判断する公共の人であった。[38]

6. 杉並清掃工場の事例における都知事、議員の対応

この章の最後に、第1期、すなわち当初の杉並清掃工場の建設の時期における、都知事と、都議会、杉並区議会の動向を見ていく[39]。第3章において行政以外の政治アクターの分析をするので、ここで政治アクター[40]の動きの確認をしておきたいからである。かなり長くなるから、この部分に関心の薄

い読者は読み飛ばしていただいてもよい。後の章の理解に大きな支障はないはずである。

ここでは美濃部知事が大活躍する。知事は、政治アクターであると同時に、行政の長でもある。だから、その行動のすべてが政治家美濃部亮吉の行動ではない。とはいえ、美濃部都知事は都庁の官僚的体質に批判的な言辞を明らかにしており、この事例での知事の行動には、政治家美濃部のカラーも十分見て取れる。

① 都行政による高井戸への用地決定まで

ここでの中心政治アクターは、美濃部亮吉東京都知事、杉並区議会、東京都議会である。政治機能も演じる行政アクターは都庁で、とりわけ清掃局が大きな役割を担う。副知事は、清掃局の上司として、または知事の部下として登場し、独立した主体的役者ではない。むしろ、23区唯一の埋立処分場を擁する江東区の議会＋行政（区長）の存在が大きい。なお、杉並正用記念財団前掲書には江東区を動かして杉並を攻めさせるような知事ブレーンの動きのほのめかしの記載があるものの[41]、明確なエビデンスの提示がないためここでは略する。

都清掃局は、その地域別支所組織・ごみ収集拠点である清掃事務所の所長の音頭取りで、清掃事務所単位に、地域住民で構成する清掃協力会を組織した。1957年には杉並清掃事業協力会が誕生した。これはすでにあった杉並区伝染病予防委員会の委員をメンバーとして結成されたものであった[42]。一言でいえば官製の都清掃事業の協力住民団体である。

1959年には都内23区の総合体「東京都清掃協力会連合会」も設置された。

1959年度の杉並清掃事業協力会の総会において、清掃工場（一般廃棄物焼却施設）の区内誘致が決議された。このような行政協力組織の決定事項の議案は通常行政が大きくかかわって作成されるとみてよかろう。当時以降の東京都の廃棄物処理は江東区地先（夢の島、新夢の島、中央防波堤内、外、と広がっていく）の海洋埋立に大きく依存しており、焼却施設の建設が大きな課題、急務であった。その整備計画を都が作成していたことは冒頭文献（注39）でも確認できる[43]。

1961年、杉並清掃事業協力会は杉並清掃工場設置推進協議会を発足させた。同年、同協議会は清掃工場用地獲得促進の請願書を杉並区議会に提出した。時を経ず杉並清掃事業協力会も同趣旨の請願書を提出した。同年度内の

1962年、区議会はこれら2つの請願を採択し、翌日、都知事あてに「清掃工場設置促進について」の意見書を提出した。これら一連の動きは都行政による政策推進の過程の中に位置づけられるだろう。

1964年、区議会は、再度清掃工場設置促進の意見書を決議して、都知事に提出した。

1965年になると、区議会は「清掃工場設置促進に関する特別委員会」を満場一致の決議で設置した。地方議会は、財政や総務、中小企業・経済振興、民生福祉、土木建設、教育、衛生、清掃などの政策の種類ごとに(=行政組織の縦割りに合わせて)常設の委員会(経済振興、衛生、清掃政策を同じ委員会で担当するなどして、行政組織数よりも委員会数は少なくなる)を設けていて、ここで予算など通常の審議を行う。このほかこれら常設委員会に属さない事項を審議する特別委員会を設置する(決算特別委員会など)。上記清掃工場に関する特別委員会の設置は、杉並区議会において必要に応じて清掃工場設置についてすみやかに審議できる体制を整えたことを意味する。

「杉並清掃工場建設問題をめぐる東京都庁の動きは、この清掃工場設置促進特別委員会の発足と前後して急速に活発化して、2カ月後のこの年11月定例区議会では「都は日量900トンの焼却施設を予定し、本年度中に敷地を物色して折衝にはいり、建設にとりかかりたい—という意向である」との委員会報告が行われており、昭和41年度[1966年度]の都予算には8億円の土地買収費も計上されて、年度内の用地取得を目標に候補地の選定が進んだ」[44]。これは、杉並区議会の動きが都庁を動かしたと読むよりも、都庁(清掃局)のこれまでから継続する主体的積極的な清掃工場建設整備の活動の一環の中にこのような区議会の動向も位置付けるべきだろう。区清掃工場設置に関する特別委員会の設置が9月だとすれば、この時期、都庁清掃局の担当課はすでに新年度予算編成の現場事務(上記「土地買収費」計上)を開始済みであり、都行政の動きの方が先行していたことになるからである。

そして1966年11月14日、都行政サイドは、都議会衛生経済清掃委員会(都議会の常設委員会のひとつ)に、杉並清掃工場建設候補地についての庁議決定の結果を報告した。ただちに、杉並区区議会清掃工場設置促進に関する特別委員会に対しても、清掃工場用地を高井戸に決定したことを報告して「杉並清掃工場建設事業の協力方について(依頼)」と題する文書(東京都清掃局長→杉並区議会議長)を提出した。「区議会で異論なく了承された」[45]。この日に地元住民は施設立地計画を知り、以降、先に記載したような反対運動が展開される。

② 住民反対運動の開始、積極的な陳情活動

都清掃局は、都議会、区議会へ報告した同日（1966年[46]11月14日）の午後、高井戸の用地地主宛に、翌15日に説明会を開催するので出席するように、という趣旨の文書を配った（清掃局長名）。地主団はこの会議をボイコットするとともに、清掃局長あてに抗議と土地譲渡する意志のない旨の通告の文書を提出した。

11月19日には、地域住民の反対期成同盟（以下、反対同盟）が結成された。住民たちは早速高井戸駅前通行人などから署名を集め、これをもとに絶対反対の陳情[47]を開始した。11月25日には杉並区議会、11月28日には都議会に陳情書を提出した。これらと同時に、区役所（区長）、都庁（副知事・清掃局長）、建設省、文部省、都都市計画審議会[48]にも陳情の意思を説明した。

11月28日、東京都庁を訪れた反対同盟一行に、都庁（おそらく清掃局）は、杉並区議会の意見を尊重した、と述べた。そこで反対同盟は、区議会清掃工場設置促進に関する特別委員会の委員長と委員全員の各議員に対して、都庁の一方的な用地決定の進め方の実態などを説明する文書を手交し理解を求めた。この時、集めた建設反対署名も提出したようである。また、同様の行動は都議会に対しても行われたようである。

区議会清掃工場設置促進に関する特別委員会に対しては、12月にも、絶対反対の確認や科学的調査に基づく用地選定を求める2通の陳情書を提出した。

この時期に、東京都都市計画審議会の委員に対しても、反対の意思を伝える懇請がなされた。

反対同盟は、12月17日に反対住民大会を開催して反対を決議した。ここでの反対決議をもとに、19日、住民代表約200人が、建設省建設局長（注48の通り都市計画決定担当）、都知事、清掃局長、区助役、区議会議長に面談して、大会決議を文書で手渡した。

1967年1月25日、杉並清掃事業協力会と杉並清掃工場設置推進協議会が先に立って、「杉並区成宗1丁目90番地杉並清掃事務所内杉並清掃工場設置推進協議会」の名で、都の動きを支持する陳情書が、都議会衛生経済清掃委員会に提出された。さらに1月27日には、上記協力会と推進協議会の2団体のほか杉並区町会連合会等の地元地域団体計9団体連名の同趣旨の陳情書が、やはり同委員会に提出された。この前に区議会にも陳情が行われていた

ようである。

反対同盟側も、新年早々から、都議会衛生経済清掃委員会、杉並区選出都議、区議会清掃工場設置促進に関する特別委員会委員、都市計画審議会委員等への個別訴えを実施していた。都議会と区議会には、66年11月28日提出の署名の追加分も提出した。

2月8日には、岡崎英城衆議院議員（自由民主党）の紹介で反対同盟代表43名が建設大臣と都市局長に直談判を行った。

さらに、岡崎議員と白井勇参議院議員（当時、自由民主党）の紹介で衆議院と参議院にも請願[49]を行った。

3月27日、都議会衛生経済清掃委員会は、杉並清掃工場立地に関する請願・陳情を議題とし、同日現地調査をしたうえで、反対同盟の請願1件、陳情2件を不採択、建設推進派の4件の陳情を支持した。

一方、杉並区議会は、請願・陳情に対する決議を避け、次のような意見書を都知事あてに提出した。

> 区議会は区内への清掃工場の建設を要望してきたところ、清掃局長より場所決定の通知を受けた。ところが地元住民が反対している。「この際都におかれては、反対住民の掲げる理由等を十分ご検討の上、建設事業の推進を計られるようご配慮願いたい。」[50]

③ 美濃部知事の登場

1967年4月15日、統一地方選で、反対住民の意向を受けて立候補していた反対派の地主団長が区議会議員に当選した。「この選挙は、反対期成同盟にとって、区議会に団結の象徴としての代表を送り込んで、都区政の場に地域住民の意思を反映させていくことをねらった、清掃工場反対運動の一かんとしての闘い」[51]であった。

同日の選挙において、美濃部亮吉知事が初当選した。

地元住民は、前項記載のように陳情活動など積極的に政治アクターにも働きかけ、反対運動を展開した。しかし、状況は厳しく、都市計画審議会の事業計画決定→建設大臣告示と、清掃工場建設に向けて事態は着々と進んでいった。上記官報建設大臣告示の10日後の同年5月16日、反対同盟は建設大臣あてに決定の再検討を求める意見書を提出した。

そして住民たちは美濃部知事に希望のまなざしを向けた。美濃部は都民との対話を標榜していた。しかしその期待はやがて次のような評価に変わっていった。

杉並清掃工場問題については、もともとその意思がなかったのか、すでにがっちりコンクリートされていて施すすべがなかったのか、それともドロをかぶることが大嫌いだったと言われていた同知事一流の保身術からか、知事選直後の4月19日かけ込みで事業決定[都市計画審議会の事業決定を指す]した疑惑の多い東前知事の置土産にそのままフタをして、反対期成同盟の再三の陳情や申し入れにもノラリクラリ対話を避けて来ていた。[52]

しかし9月11日、「重い腰をあげ」[53]、住民と土地との初めての対話の場がもたれた。あらかじめ反対同盟などから質問状が出されていたこともあり、地元の名士松本清張氏の斡旋で実現したものである。知事側から15分と時間が区切られた。この場で知事は、「…［略］…細かくは清掃局長らと話し合ってほしい。いままで調べてこの場所に決めたのだが、もしほかに適当な土地があれば変えてもよいのだが…［原文］…」[54]と述べた。これを聞いた反対同盟は、早速、9月15日、知事との会談報告として、代替地発言など知事発言に対する確認質問を列挙した文書を清掃局長あてに送った。9月30日に、あの知事発言は「言外に「しかし、ほかに［適地が］ないので御協力をお願いしたい」という趣旨であった」等の清掃局長の回答が届けられた。「地域住民としては、ヌカ喜びさせられてさんざんふり回させたあげく、見事裏切られて、抜き難い都への不信を募らせた知事発言だった」[55]。これ以降も、地元住民は、地元との対話の場や都議会における揺れ動く知事発言に、一喜一憂、振り回されることになる。

当時、土地収用法改正時期に重なり、杉並清掃工場など旧法での都市計画法決定告示事業は、土地収用法の事業認定を同時に受けているとみなされることとなった。この適用を受けた事業は、土地収用の手続きの前の段階で保留されている状態として取り扱われた。土地収用法の手続きを再開するためにはこの保留を解除する必要があった。同年8月1日、都清掃局は杉並区議会清掃問題対策特別委員会（清掃工場設置に関する特別委員会を改組したもので、議員に当選した反対派の地主団長も委員となった）にこの保留の解除の説明を行った。これは解除告示が2日前に迫ってのことであった。

この間、東京都は、江東区の埋立処理継続反対運動という大きなごみ問題の火種もかかえていた。都庁は江東区の廃棄物埋立地の延伸（新夢の島の造成）を企図し、杉並の問題もからめて、1971年9月28日には、都知事が都議会で「ごみ戦争」を宣言した。10月1日、江東区議会議長や区長以下14人の代表が都知事に会い、埋立継続は絶対反対とし、江東区議会からの質問状を手渡した。質問の骨子は、1江東区がこうむった迷惑をどう考えているか、2ごみは自区内処理が原則である、どう考えるか、3清掃工場建設に反対している地域などにどう対応するか、というものであった。

ちなみに、「自区内処理」は美濃部都知事の一般廃棄物政策のキーワードとなる。この江東区の動きに都庁がうまくのり、ないしはむしろ都庁が江東区に働きかけて、「都側は「自区内処理」の原則を打ち出してうまうまと体をかわし、反対運動で建設がのびのびになっている杉並がやり玉にあげられてここに「江東区対杉並区」の東京ゴミ戦争の図式がつくりあげられた」[56]、杉並の反対運動住民たちはこう見立てた。

江東区は各区へも同趣旨の質問状を送った。これは、江東区議会から各区議会への質問であると思われる。杉並区議会はこの江東区議会の質問書に対して、これまで都知事に提出していた清掃工場建設促進の意見書の写しを添付して、これで判断してほしい、と書き添えて提出して回答に代えた。反対住民を刺激することを避けたい意図が働いて、あえて新たに文章化しなかったようである。しかし要するに、杉並区議会は自区内処理に異存はない、と表明したことになる。

都知事の回答は、10月7日と11月25日（補足回答）の2回、知事名で江東区に対してなされた。最初の回答は、江東区の自区内処理の主張は「まったくお説のとおり」[57]としながらも、原則どおりにいかないこともあると言い添え、また具体的な対応方策については触れていないものだった。10月7日は知事が江東区を訪問して区議会議長に直接回答を手渡し、埋立現地も視察した。江東区長に対し知事は、「貴区の行動がゴミ戦争の端緒となって、ある意味では感謝しています」[58]と述べたという。ここでの知事回答は具体性に欠けるとして江東区議会側が再回答を求めたため、都知事側は、杉並を含めた清掃工場整備計画を1975年度内に完成する、すなわち実行可能な状態にする、などと回答した。このとき（11月25日）は副知事が回答書を持参して「清掃局だけに任せておくだけでなく、都の全力をあげて取組んでいきたい」と述べた。前日には、都庁内に知事を本部長とするゴミ戦争対策本部を設置していた。これは、この時点まで都庁内ではもっぱら清掃局が杉並清掃工場に関する政策を進めてきたことの事実表明、とも解釈できるだろう。

都知事の江東区議会への1回目の回答のあとの10月13日、都議会が開催されていた。知事は、衛生経済清掃委員会において、「杉並は時間的に1日も早く清掃工場を建設しなければならないので、話がまとまらなければ強制執行する覚悟だ」[59]と答弁した。土地収用委員会の審理は終了したもののまだ収用裁決が出る前の段階であった。反対同盟住民は激怒して、10月15日に知事に対して抗議声明を出した。同日、都議会と区議会に対しても、強制収用反対の請願書を提出した。12月1日にも、再度、都議会に強制収用反対の請願書を提出している。

④ 美濃部知事の住民対話本格化と都区懇談会での用地再検討

1971年10月19日の定例都議会本会議で、高井戸住民との対話の不十分さの質問があり、知事は3度対話の場を持ったことにつき「こういう問題について同じ人たちと3度も話すのは非常に稀に見る現実でございまして、できるだけ説得をして納得してもらうという姿勢で参ったわけです」と答弁した。その対話の場はそれぞれ知事側が15分と時間を制限してのものであった。都議が「[昭和]44年、45年[1969年、1970年]の2年間一度も対話をしていないではないか」と追及すると、知事は「地元へはたびたび清掃局長が行っております」と答えた。[60]

10月22日、都副知事、清掃局長らと杉並区議会関係者との話し合いがもたれた。都知事の土地収用もありうるとする都議会答弁を重視した区議会の「議員クラブ」に属する議員グループの要請によるものであった。この場で区議会側が強硬姿勢に抗議したのに対し、都側は、知事は強制収用もあり得ると言ったまでで実際にするとは言っていない、と弁明した。また、住民との対話が不十分だったことを認め、積極的に話し合うことを約束した。

11月30日、朝日新聞が、都議会5党の政調会長に対して実施したごみ問題アンケート結果を掲載した。その中に杉並清掃工場用地強制収用の意見を尋ねる質問があり、それぞれ強制収用は適当でない、と回答していた。

12月2日、知事は知事応接室に杉並区選出の6人の都議を招いて会見し、杉並清掃工場建設のため最大限の努力を払うつもりとして、協力を依頼した。

12月8日の定例都議会の所信表明演説において知事はごみ問題を取り上げた。その中で知事は、ごみ戦争・都のごみ問題の原因として、①産業優先、政治権力優先の都市づくり、②都民の意識（＝無関心から都民参加に変えないといけないという趣旨)、[3]「官僚主義、セクト主義、事なかれ主義や住民軽視の無責任体制」を挙げたうえで、3について、「東京都自身のゴミ戦争への取り組み方、姿勢の問題で、過去の古い体質を改め、全庁をあげて取組んでいけなければなら」ない、とした[61]。美濃部には、都知事就任時点から、都の官僚組織を、知事など他の政治アクターの前に立ちはだかって自らの組織の論理で政策を形成・推進していく存在、とみなす意識があった[62]。

さてこの知事の所信表明演説の要点は「都民参加」である。脆弱な議会の与党体制、強大な官僚制に苦しむ美濃部は、360万を超えるそれまでの都知事選史上最高の票(美濃部第2期選挙)を投じた都民の存在を盾や矛として用い、都政を進めていた。ただし、都民の参加や対話の姿勢を強調するこの演説において、彼は、特定の地域の名指しを避けたものの、「地域エゴイズムに固執する限り問題の解決はあり得ない」と言い添えていた[63]。

12月14日、杉並区議会清掃問題対策特別委員会において、提出されていた請願の審議に関わって反対同盟委員長が意見開陳を行った。この場で反対同盟委員長は、都(知事・都庁)は地元住民が話し合いに応じないというけれども、せめて強制収用をしないとの確約があることが対話のテーブルづくりの基本である、と述べた。

4日後の12月18日、都庁は収用委員会に対し、都知事名で、土地所有者や関係者と話し合いたいので採決を延伸してほしい、と申請した。

1972年1月25日、今度は都議会衛生経済清掃委員会において反対同盟の請願が議題となり、やはり反対同盟委員長が招かれた。請願は、強制収用は穏当でない、とする意見付きで採択された。

1月28日、都知事との対話が持たれた。ここで地元住民側は、土地収用の申請を取り下げるよう迫った。知事は、江東区が杉並のごみを実力阻止することになるので、取り下げには応じられぬ、としたうえで、強制収用をしないという約束は裏切らない、と述べた。住民側は、口約束では信頼できないとし、覚書を交わすこととなった。その内容は「将来にわたっていかなる場合にも強制力による手段をもっては…[略]…土地を取得しない」[64]というもので、2月26日付の都知事と反対期成同盟委員長、地主代表との交換文書となっている。

ところが、3月9日の都議会予算委員会において、知事は、この覚書について、「道義的な責任はあるが契約でないので法的には拘束されない」[65]などと答弁した。

4月19日、当初から予定されていた知事と地元との話し合いが持たれた。ここで3月9日の議会発言について追及される中で、知事は、計画の白紙撤回はできないけれども、計画を凍結し、ほかの土地を探す、という趣旨の発言をした。「攻めた側の反対期成同盟としても全く予期しなかった急転直下のあっけにとられた幕切れであった」[66]。

この知事発言を受けて、都庁は、高井戸用地を棚上げにして、都区懇談会を設けて改めて杉並区内の用地選定を進めることとした。まず清掃局長が、区長、区議会清掃問題対策特別委員会正副委員長を訪問し、区長と区議会議長への都の懇談会設置意向文書を手交した。10月9日、杉並清掃工場問題都区懇談会がスタートした。メンバーは以下の通りである。

区役所側：区長、助役、企画部長
区議会側：正副議長、清掃問題対策特別委員会委員長
民間団体代表：商店会連合会、婦人団体、PTA、区労働組合協議会、消費者グループ、杉並工場協会、荻窪産業協会、農業団体、清掃協力会等の推薦委員
都庁側：清掃局長、同次長、同企画部長、同施設部長
第三者委員：都区推薦の学識経験者各2名

なお、当初都庁などの案にあった町会連合会（町連）は参加を拒否した。理由は以下のとおりである。

町連としては高井戸に候補地を決める際にもお先棒を担がされてさんざん利用され、地域町会に集団脱会されて重大な組織的打撃を受けた。何の了解もなしに高井戸の候補地をタナあげしたのは美濃部知事自身であり、代替地を探すのは都の当然の責任、都区懇談会はその都が住民参加に名を借りて杉並区民に責任をすりかえるためのいわば都のかくれミノであり、しかも何の法的裏付もない。問題がこじれれば、高井戸の際と同様な脱会騒ぎも起きかねず、組織破壊のリスクまでおかして協力すべき性質の会とは思えない。[67]

「高井戸に候補地を決める際にもお先棒を担がされて」とは、高井戸に都庁が用地を決定したとき、区議会などに対しこの都庁の用地選定に賛成する陳

情を行ったことを指していると考えられる。これから推察するに、この都庁政策支持陳情は、住民が主体的に行ったものではなく、おそらく政策を推進する都庁筋（清掃局）が絵を描いたものと思われる。当時の町会関係者は、まさかこれほど激烈な反対運動を高井戸住民が展開するとは思いもよらず、都清掃局の強力な姿勢から判断して、高井戸住民もやがてお上に従ってあきらめるだろう、と見込んでいて行政に協力したのかも知れない。

町会組織の不参加に加え、10 月 22 日（27 日の記載もある）の第 2 回都区懇談会には、杉並区選出の 6 都議全員が不参加を表明した。この前に、地元選出都議の取り組みが消極的、とする意見が一部懇談会委員の間でくすぶっていた。10 月 22 日の懇談会の開催の前に、都議はそろって区長を訪問し、「議決機関と執行機関は元来別個な権能を持って存在しており、執行面は知事の責任で処理されている」[68] などと述べて、不参加を表明した。これらの議員も政策形成における都庁の主導性を主張している。これらの議員の論法では、議題として都議会に提示される政策の立案などの形成過程という政治過程はすべて執行機関（都庁）が担うべきことになってしまう。

都庁は、第 2 回の懇談会の場において、杉並区内の 11 カ所の適地を示した。さらに、第 3 回の懇談会ではこの 11 カ所の中から適当と思われる候補地を選び、合わせて他の適地も示したい、とも述べた。ところが 12 月 1 日の第 3 回都区懇談会では、都庁側は適地について第 2 回以上の資料は提出せず、「都側から示すのは」と躊躇の姿勢を示し、「都区懇にゲタを預けようとする態度に出ていた」[69]。この日の結論は、各委員がそれぞれ適当と思われる場所を都側（都庁）に報告したうえで、現地視察する、というものになった。[70]

このようにしながら候補地が 5 地区（高井戸も含む）に絞られ、1973 年 4 月 5 日の第 8 回懇談会において、その次の回の懇談会で 5 地区代表の意見を聴取することが提案された。しかし 5 地区住民はそれぞれ参加を拒否した。

この間、知事は、都議会で、杉並清掃工場用地選定は 5 月末までに結論を出してもらう旨、発言した。このあと 4 月 23 日に、もともと知事のオブザーバー参加が予定されていた第 9 回都区懇談会が開催された。会場の小学校には傍聴する 400 人の 5 地区住民の「反対」のプラカードや横断幕が掲げられ、ヤジや拍手が飛び交った。

デルファイ法による 5 地区の比較評価により 1 カ所に絞る検討を次回懇談会で実施することを第 10 回懇談会（5 月 7 日）で決め、5 月 15 日第 11 回懇談会の日となった。ここで、反対 5 地区の住民約 300 人が会場を占拠し会議ができなくなった。

江東区が22日に杉並のごみを止める実力行使を行うと決定したため、急きょ5月21日に都区懇談会が開会された。この時も約500人の反対住民が押しかけ、大荒れに荒れ、会場を変えたものの収拾がつかず、夜9時過ぎに散会となった。このとき懇談会は、委員が評価用紙を持ち帰り5地区を比較評価することとした。

江東区側の実力行使により、22日から杉並区のごみ収集はストップした（24日まで；前日21日が代休でごみ収集が無かったので、4日分のごみが杉並のまちに溢れた）。

5月23日、第12回の都区懇談会が開催された。5地区住民が会場の区議会会議室を埋めた。都区懇談会側は委員控室に集まり、持ち寄った評価をもとに座長に取り扱いを一任することを決定した。各委員の評価は高井戸を適地とするものだった。座長は都庁に向け出発、都知事に報告した。都知事は、すぐにゴミ戦争対策本部会議を開催し、高井戸を清掃工場用地にすることを再決定した。

24日、美濃部知事が、杉並区議会議長、杉並区長とともに江東区に説明し、翌日から杉並のごみ収集は再開した。

⑤ 都区懇談会での高井戸への用地再選定後から和解まで

1973年5月29日、杉並区は、杉並清掃工場設置推進本部を立ち上げた。区長を本部長とし、正副議長、区議会各派幹事長、区議会清掃問題対策特別委員会委員、区三役（助役・収入役）、教育長、各部長、区議会事務局長というメンバー構成で、区役所行政と区議会が一体となった組織であった。都庁（以下に述べるように推進本部を発足させる）とともに杉並清掃工場の立地・建設を推進することを目的とし、具体的には、高井戸の土地所有者や反対同盟役員等に対する協力お願いを、人海戦術により各戸訪問したりビラを配布することにより進めた。

6月1日には、東京都杉並清掃工場建設推進本部も設置された。本部事務室等は杉並区内の都の行政施設に置かれた。

6月1日、美濃部都知事は、交渉再開の申入れ書を持参し反対同盟幹部と会見した。そのあとの反対同盟側の会合では、「何の法的根拠もない都区懇の中度半端な審査結果を金科玉条のようにふりかざして押しつけようとはサル芝居も甚だしい」「まだ裁判は決着はついていない。われわれはエゴで反対しているわけではない。不法な決定を阻止するため戦うのは当然である」という発言が続出した。都知事からの申入れ書は、「とり立てて、ただちに回答を必要とする性質のものではない」として、黙殺することとされた[71]。

6月20日、都副知事、清掃局長、都杉並清掃工場建設推進本部長が反対同盟委員長を訪問し、清掃工場基本計画を盛り込んだ口上書を手渡して、話し合い再開の申入れがなされた。反対同盟側は、預かり置く、とする対応をした。6月28日にも、再度副知事が反対同盟委員長宅を訪問している。

7月20日、杉並区議会全員協議会に知事が出席した。ここで知事は、江東区との約束でもある、昭和50(1975)年度可燃ごみ全量焼却計画は変えない、と述べ、地元とは対話路線を続けると強調したうえで、それでもリミットが迫ったときには、「胸中に去来する悩みがあることを率直に申し上げたい」[72]と発言した。後刻記者会見でその真意を問われた知事は、強い手段も考えるという趣旨、と答えた。

話し合いについての反対同盟(委員長)のスタンスは、昨年2月(1972年2月26日付で知事と反対期成同盟委員長・地主代表が「都側は強制力による手段では土地を取得しない」とする覚書を交わしている)の時点に戻ることを条件に話し合いに応じる、というものであった。話し合い再開の予備折衝が、副知事と反対同盟委員長との間で行われた。8月6日に話し合いが再開し、25日および9月8日にも会合がもたれた。都側(知事・都庁職員)は知事以下11名、反対期成同盟側は31名、杉並区役所と区議会側がオブザーバーとして参加した。最大の論点は、都区懇談会の決定の経緯であった。9月8日の話し合いにおいて、次の会合に都区懇談会の委員にも出席してもらうよう、反対同盟は申し入れた。都区懇談会委員は、自分たちの役目は終わった、最終的に責任を持って決めたのは知事だ、として参加に難色を示した[73]。

9月25日、都区懇談会委員欠席のまま話し合いが持たれ、折衝をさらに継続することとなった。28日には都議会が始まる、そのような時期であった。

9月28日から10月15日まで、昭和48(1973)年度第3回定例都議会が開催された。28日の所信表明演説において都知事は、杉並清掃工場に関し「緊急避難」が必要となる事態について触れた。10月2日から4日の間の本会議でこの「緊急避難」について質問され、知事は強制収用もありうると答弁した。1972年2月26日に高井戸の反対期成同盟と交わした覚書については、「当初は江東区の実力行使は予想されていなかった。江東区がまた実力を使って杉並区のゴミをストップしたら杉並区民の生活が危機に陥る。そのような非常事態にあってはあらゆる方法で正常な姿に戻すよう知事として最善の努力を払わなければならない」[74]と答弁した。

都議会閉会のあと、10月19日、都（知事・都庁、以下同じ）と反対同盟の話し合いがもたれた。この場で、都は工場の建設プランを説明したいとし、反対同盟側は知事の緊急避難発言を問いただし、激しいやりとりとなった。都知事は緊急避難について、議会答弁と同様の趣旨の説明を行った。

11月1日に、次の会合が開催された。その前日の10月31日、江東区長と同区議会議員が都庁を訪問し、翌日の反対同盟との話し合いいかんによっては実力行使に踏み切る、と都に通告した。11月1日の場で都は、緊急性を訴えて土地の提供を迫り、11月5日までに結論を出すように努力する、ということで会談を終了した。

そして、11月5日の話し合いとなった。反対同盟は、現時点で用地提供の結論は出すことはできない、最後まで話し合いに臨むので、都も一方的に打ち切らずに、誠意ある回答を続けてほしい、と述べた。知事は、あすいっぱい待つ、また、地主団長（入院中）とも面会してお願いしたいのでとりついでほしい、と答えた。翌日、東京都杉並清掃工場建設推進本部長が回答を求めて地元を訪れた。反対同盟の回答は、1日間で結論は出ない、また地主団長の面談も病状から判断して避けたい、というものだった。

この間、反対同盟は、都議会に対し、美濃部知事の方向転換が、昨年（1972）1月に都議会で採択された請願の趣旨を踏みにじるものであり、強制収用は絶対避けるよう善処されたい、とする要望書を提出している。

都は、対話を断念し、強硬姿勢に出た。11月7日、都は、土地収用委員会に対し、裁決延伸の申請を撤回した。収用手続きが進むこととなった。

この後の経過は、本章4節のとおりである。1974年2月28日、東京地裁で、土地収用手続取消訴訟にかかる和解勧告が出された。並行して、土地収用に関して土地収用委員会で和解の手続きが進められた。11月21日には収用委員会で和解の調印がされた。そして11月25日に、東京地裁で和解が成立した。

地裁で交わした和解条項に基づき、工場の仕様を市民参加で決めていく杉並清掃工場建設協議会が設置され、12月26日、初会議が開催される運びとなった。メンバーは、周辺住民代表20名、区議・区関係職員7名、都職員5名であった。しかし、地元住民代表が反対期成同盟住民のみであることに地域から異論が出され、会議が延期となった。このような経過を経て、1975年7月2日、第1回目の会議が開催され、やがて住民との清掃工場協働経営に発展していくのである。

⑥ 都知事および他のアクターの政策形成への影響度の評価

以上の経過の中で、各アクターの政治・政策的な動きを評価してみよう。

[各アクターの関与の度合い]

都議会は、議会で都知事を追求する以外、積極的なアクションを見せなかった。火中の栗は都庁行政側の庭にある、敢えて手を伸ばさない、という認識であったとみなさせよう。

杉並区議会は大きなアクターであった。区議会議員は、地元に最も近い、選挙に基づく正統性を有する政治アクターである。大阪住之江工場の事例の地元選出市会議員と同様の位置づけである。行政は地域で政策を展開するとき積極的にこのような議員に働きかける。一方地域住民もやはり議員に訴えて出る。地域対象政策の推進において逃げることのできないアクターが地元選出議員である。しかし、この事例では、都（知事・都庁）と反対同盟の間に挟まれ、主体性を発揮することはなかった。

ここで考察すべき最大のアクターは美濃部知事である。美濃部は、対話を標榜し、都民参加を旗印にして知事に当選した。その都知事が最後には高井戸地元住民に対して土地収用を強行する姿勢を示した。ここでは都知事という「機関」を超えて、美濃部個人の姿勢と行動にも立ち入って評価を試みる。

経過をみると、確かに対話は不調に終わり、知事は押し付け行政の典型を進めるトップの役割を演じることとなった。それでは美濃部は対話に向け何もしなかったのか、と問えば、以下にみるように、そうでもない、と答えるべきだろう。

これまで詳しく見て来た経過から垣間見えるように、この杉並の事例においても、行政の政策形成の推進力は極めて強力であった。清掃協力会をつくって区民を組織するなどして住民を動員し、区議会もまきこんで、清掃工場の整備に向けて着々と政策を実行していった。この政策は杉並区のみを対象とするものではない。23区全体、とりわけ清掃工場が立地していない区は同様のターゲットとされていたはずである。

このようにして、前・東知事のもとで、都庁（清掃局）がけん引して廃棄物政策は進んでいった。

[美濃部知事の関与の大きさとその評価]

そうして、行政主導で用地を決定して住民に押し付け、高井戸で大反対運動が起こった時点で、美濃部が知事となるのである。

そのあとしばらく、美濃部は、ほとんど都庁行政（とりわけ清掃局）まかせで、廃棄物行政にあまり力を注いでこなかったと見て取れる。しかし、対話をスローガンにしているにもかかわらず高井戸の地元との話し合いに消極的であるという議会やマスコミの批判は痛烈であった。そして何よりも、江東区による杉並批判もからめての廃棄物埋立地延伸反対の強い動きへの対処がより重要であると認識したのであろう[75]。やがて美濃部は積極的に対話に乗り出した。

仮に都知事が美濃部でなければこれほど地元住民と対話を重ねなかったであろう。手のひらを反すような彼のアドリブの応答がかえって合意形成にマイナスの影響を与えた部分もあったにせよ、もうがんじがらめの状況になってしまい遅きに失した時点で前知事からバトンを引き受け、美濃部が対話に努力したことは、一定程度認めなくてはなるまい。

しかし、それでは美濃部は本気で真摯に地元住民と向き合って対話したのかと問われると、疑問も残る。上記経過においても、通常知事はそんなに何回も同一地域住民と話したりはしないものだなどと漏らしてみたり、地域エゴを批判する発言もみられるところである。

美濃部が反対住民に対しているときの意識、あるいは無意識下の住民に対する彼の評価はどのようなものであったのだろうか。

美濃部は自著で、率直に次のように述べている。

> もはや江東側の実力行使を止められないと悟った私は､48年[1973年]11月、反対同盟側の納得を得られないまま、いったん杉並工場用地の強制収用の方針を示したのである。これを「対話都政の破綻」と批判した人もいるが、私にいわせれば、この間の反対同盟との交渉は対話というより団交みたいなものであった。それでも私は、できるだけ相談ずくで解決しようと努力したのであって、事実、最終的には話し合いによって決着をみることができたのである。[76]

美濃部の著書のこの章のタイトルは「ゴミ戦争」、副題は「都民に意識変革を求める」である。先の事例経過の説明の中でも記したように、美濃部は、都議会対策に苦労し、もともと抱いていた都庁行政不信も手伝って、孤高の中、都民に向けて発信し都民の支持の声をバックに都政を進めようとしていた。美濃部が高井戸住民と接するときも、そのまなざしは住民たちの頭上を越え都民一般の方に向けられていたのかも知れない。政治学者御厨貴は次のように評価している。

> ゴミ戦争と名づけた美濃部は、ドロドロした水面下の交渉はすべて都庁職員に任せ、その意義づけのほうに活躍した。「自区内処理」に徹することにより、都民のゴミに対する認識を新たにする効果をねらったのである。[77]

さて、杉並工場の事例のおける政治的要素を総じて評価すると、歴史に残る事件となるほどに、この紛争は強い政治性を帯びたものであった。したがって、知事や杉並区議会といった政治アクターの動きは極めて顕著だった。それにもかかわらず、政策のレールは長いスパンで行政が敷いており、そのレールの向かう政策の終着駅（焼却施設と埋立処分場という廃棄物の受け皿の整備）は微動だにしかった、そう評価できよう。

なお、とりわけ紛争の初期にあっては、住民は議会に対して陳情や請願をよく行う。しかしそのような活動の効果はいまひとつ判然としない。住之江工場の事例では、リーダー住民はこう断じた。「請願は、出しても何の連絡も無かった、意味が無かった。まだ運動の右も左もわからぬ時に、弁護士に勧められてやってみたまでだ。」

〈参考●聴き取り調査〉

[1] 大阪市住之江工場

2010年6月聴き取り。対象者：反対運動住民代表者1名。
2010年6月聴き取り。行政担当者（聴き取り時は退職済）2名。
2017年10月聴き取り。対象者：反対運動住民代表者1名。
2019年12月聴き取り。対象者：反対運動住民代表者1名。

[2] 東京都杉並清掃工場（東京二十三区清掃一部事務組合杉並清掃工場）

2013年10月聴き取り。
対象者：東京二十三区清掃一部事務組合職員2名。

［注釈］

23 濱真理（2011）「廃棄物処理施設建設における合意形成」、京都大学公共政策大学院、京都大学公共政策大学院リサーチペーパー集　2010 年度版、85-92
2010 年聴き取り調査（章末参照、聴き取り調査について以下同じ）
24 森住明弘（1987）『ゴミと下水と住民と』、北斗出版
25 以下、2017 年および 2010 年聴き取り調査
26 廃棄物の処理及び清掃に関する法律で市町村による業の許可制となっている。
27 注 43 参照。
28 以上のような学習は、公共施設立地反対運動を展開する住民たちが経る一般的なプロセスとみられる。のちに紹介する杉並清掃工場立地反対住民も、同様の学習を経験している（（財）杉並正用記念財団編（1983）『「東京ゴミ戦争」――高井戸住民の記録』、p.72）。
29 大阪市域外において廃棄物収集業者がごみを収集し、大阪市の焼却工場に違法に搬入する現場を、主として深夜に住民と共に取材し、ニュース番組で放映した。
30 2019 年聴き取り調査
31 飲食等を伴う非公式の場がしばしば活用されたとされる。
32 注 47 参照。
33 以下、（財）杉並正用記念財団、前掲書
東京二十三区清掃一部事務組合杉並清掃工場編（2012）『杉並清掃工場記念誌』
内藤祐作（2005）『高井戸の今昔と東京ゴミ戦争』（自費出版）
2013 年聴き取り調査
34 杉並正用記念財団、前掲書、内藤、前掲書
35 東京二十三区清掃一部事務組合、前掲書
東京二十三区清掃一部事務組合（2011）『杉並清掃工場環境フェア　工場閉鎖記念講演会　杉並清掃工場の歴史を知る！』［映像］
36 当初現地建て替えに反対を唱えた住民は建て替え合意後の杉並工場のイベント時に笑顔で壇上に立っている。（東京二十三区清掃一部事務組合（2011）、前掲映像）
37 塚田龍二（1986）『世界の清掃事業の歩み』、財団法人杉並正用記念財団
38 以上、（財）杉並正用記念財団、前掲書
東京二十三区清掃一部事務組合杉並清掃工場（2012）、前掲書
内藤、前掲書
2013 年聴き取り調査
39 以下、（財）杉並正用記念財団編、前掲書
金今善（2016）『自治体行政における紛争管理―迷惑施設立地問題とどう向き合うか―』、ユニオンプレス
40 ここでは 選挙で選ばれるアクターを政治アクターとした。ただし、必要最小限で行政の動きも記した。なお、区長は当時、区議会が都知事の同意を得て選任した。現在は住民投票による公選制である（いずれも地方自治法）。当時の杉並区長菊地喜一郎は、元杉並区職員で、助役を経、1962 年から区長の任にあった。ここで詳述する事例においても、杉並区長単独の意思に基づく行動は確認できなかった。ただし、のちにも記す「東京ごみ戦争」にかかわって、杉並正用記念財団前掲書にも名前が記されている小松崎軍次江東区長は、杉並のごみ収集車の江東区

への搬入を道路に立ちふさがって止めるなど、江東区民・江東区議会の意を体して積極的に行動したと言われる。

41（財）杉並正用記念財団、前掲書、p.108

42 内藤、前掲書

43 廃棄物の処理及び清掃に関する法律は、市町村に対し、一般廃棄物処理計画を策定することを求めている（第6条）。この計画には、「一般廃棄物の処理施設の整備に関する事項」が含まれている。一般廃棄物の処理は市町村の責務である（同第6条の2）。しかし当時の東京23区は特殊ケースで都庁（清掃局）が一般廃棄物処理事業を担っていた（現在は各区）。なお当時は同法制定（1970年）前で、清掃法が廃棄物処理について規定していた。旧法下においても、自治体内の施設整備全体計画を策定して個々の施設につき国庫補助金を受け建設を進めることが市町村に求められる事務・事業であった。

44（財）杉並正用記念財団、前掲書、pp.35-36

45 同書、p.39

46 以降、同一年のできごとは、年の重複表示を省略する。初出時に下線を付して当該年を示す。

47 現在の地方自治法124条に、「普通地方公共団体の議会に請願しようとする者は、議員の紹介により請願書を提出しなければならない」とある（当時は大改正前の法律で現在と異なるものの、同様の制度はあった）。地方議会において陳情は請願と類似の取り扱いがなされる。請願は議会で採択・不採択の決議がなされる。陳情はその内容にのっとり首長に回答を求める取り扱いもある。また陳情は通常議員の紹介を要しない。なお提出者が請願を「陳情」と呼ぶこともあり、受理する議会が関係規則・要項に則ってそれが「陳情」であるか「請願」であるかを判断する。

48 都市計画法に基づき、廃棄物焼却施設立地の都市計画決定（当時は建設大臣による）の前に都市計画審議会で審議が必要であった。

49 国会法第79～82条。議員の紹介が必要である。

50（財）杉並正用記念財団、前掲書、p.62

51 同書、p.63

52 同書、p.75

53 同書、p.78

54 同書、p.79

55 同書、p.81

56 同書、p.103

57 同書、p.110

58 同書、p.112

59 同書、p.113

60 以上、同書、pp.120-121

61 同書、p.126

62 美濃部亮吉（1979）『都知事12年』、朝日新聞社

63（財）杉並正用記念財団、前掲書、p.127

64 同書、p.133

65 同書、p.135

66 同書、p.136
67 同書、pp.141-2
68 同書、p.143
69 同書、p.144
70 この間、12 月 22 日、杉並区和田堀公園周辺の住民がごみ積替場工事を実力阻止したことをきっかけとして、1 回目の江東区による杉並ごみ搬入実力阻止行動があった。また、都の清掃工場の煤煙の公害問題が新聞に報道されるなどして、都区懇談会の議論にも影響を及ぼした。
71 （財）杉並正用記念財団、前掲書、p.168
72 同書、p.171
73 10 月 8 日には、3 人の委員が私的に参加して反対同盟と懇談した。
74 （財）杉並正用記念財団、前掲書、p.177
75 実際、江東区の埋立地へのごみ搬入が止まってしまうと東京 23 区全域におよぶ都民の生活が麻痺してしまう。
76 美濃部、前掲書、p.118
77 御厨貴（1996）『東京――首都は国家を超えるか』、読売新聞社、pp.155-6

第2章 市民の変容

1. 市民の変容[78]

第１章の事例で、住民たちの学習の過程が確認できた。住民たちは学習する。そうして得られた新たな知見や考え方は、それまでの発想の枠組みを塗り替え、対象となる事象へ向かう態度を変化させる。そして行動も変わる。住民たちはこのようにして変容する。

住民の学習による変容は、第１章のふたつの事例における特殊な現象ではない。変容が確認できることの方が一般的である。

[武蔵野クリーンセンターの住民の学習・変容の事例]

ここで、第５章で詳しく紹介する武蔵野クリーンセンター地元住民たちの学習による公共志向への変容の事例を紹介しよう。この住民たちは、杉並清掃工場の例と同様、常設の施設運営会議である「運営委員会」に常時参加して施設を共同運営し、学習を重ねていった。

廃棄物焼却施設（この事例での呼称はクリーンセンター）は、炉でごみを燃焼し、煙突から燃焼後のガスを排出する。この排出される空気は煙突を出るころには冷えていて、空にたなびくときには水蒸気の帯となる。外から眺めると、それがちょうど白い煙のように見える。これでは外観上好ましくない煙を出していると観察されうることから、多くの焼却施設では、煙突から空気を排出する直前にわざわざ水蒸気を再び暖めて、透明な空気となるようにして外気に放出していた。このため石油を燃焼させるので、武蔵野クリーンセンターではこのため年間億単位の経費を要した。この事実がクリーンセンターの運営委員会で話題となり、実態を知った住民代表の委員から、この石油代は全く無用な税金の支出であるという意見が出された。学習・議論の結果、排出する空気の再加熱をやめることに決定した。それぞれの地域住民への「有害な煙ではありません」という説明は、住民委員たちが自ら実施したという。[79]

この章では、学習による住民の変容のこのような過程を、理論的に分析する。住民・市民が公共志向に変容していくことを明らかにする。

[ロールズの「反省的均衡」]

ジョン・ロールズによれば、市民が現実のできごとに対する評価や自身の価値観を変容させていくと、一定の心的知的均衡状態に至る。彼はそれを「反省的均衡」（reflective equilibrium）と呼んだ[80]。本章で考察する市民の学習による変容の過程は、ロールズのいう反省の過程とみることができる。

この章は、めいわく施設の立地のような公共政策に遭遇した住民・市民が学習による反省を重ね、やがてその公共政策を自身として納得して評価するに至る過程を明らかにする。言い換えるなら、市民・住民にスポットをあてての、葛藤から均衡への心理の経過を伴う合意形成のプロセスの確認である。

この市民変容の効果は、短期の個別事例における合意形成過程についてあてはまるだけではない。個別のいろいろな市民変容はそれぞれ市民文化と作用し合う。その積み重ねは市民文化を変容させていくだろう。こうして、長期的にはさまざまな公共政策をめぐるコンフリクトの低減・解消がもたらされる、と考えられる。さらには、公共的取り組みを、主体的にあるいは行政などと協働して積極的に推進するアクターとして、市民がプレゼンスを高めることも期待できるのである。行政が諸政策への市民参加の推進に努めることの意義もここにある。

2. 市民の意思形成過程

2.1. 個人の意思形成過程

① アダム・スミスの「公平な観察者」

[『道徳感情論』でスミスが描く人間像―「同感」と「公平な観察者」]

経済学において『国富論』を主著とするスミスは、経済学の著作を執筆する以前から道徳哲学の研究に取り組んでいた。『道徳感情論』は彼のもうひとつの主著である。

『道徳感情論』のキーワードとして、「同感」（sympathy）と「公平な観察者」（impartial spectator）がある。

人間はどのような基準で道徳的判断を下すのか。スミスは、個人一人ひとりが、どのような行動をとるべきかを自らの心に問いかけることを想定する。喜怒哀楽の感情にかられて何らかのアクションを起こそうとするとき、心中の公平な観察者が、その動きにブレーキをかける。気持ちが萎えているとき、公平な観察者は、あえて正しいと考える行動に踏み込むよう要請する。心中の公平な観察者は、そのような行動が他の人の公平な観察者の同感を得られるかどうかを判断の基準とする。他人の行動を評価する際にも、評価する個人の心中の公平な観察者が、評価される側の個人の行動の動機が同感されるに値するものであるかどうか、適宜性にかなうものであるかどうかを検討してみて、評価を確定する。[81]

[『国富論』での人間像―利己主義者か？]

このように公平な観察者の同感を基準にして判断する個人は、衝動的な私的欲望に基づいてふるまうエゴイストではない。ところが、スミスのもうひとつの著書『国富論』においては、市場で物を交換し合う個人は、私利私欲にまかせて行動する個人のようにも見える。

そこで、『道徳感情論』におけるあるべき人間像と、『国富論』が想定する人間像をめぐって、19世紀にドイツの学会で端を発して経済学史学者の間で議論となった。両人間像は矛盾している、スミスは両著書の間でいわば転向したとの指摘がなされたのである。「アダム・スミス問題」（das Adam-Smith-Problem）と呼ばれる。現在は、そのような矛盾はないとするのが一般的である[82]。

パン屋や肉屋が市場に製品を提供するとき、それは利益を得るためであり、相手への慈悲心（benevolence）ではなく自愛心（self-love）を動機とする。スミスは『国富論』でこのように述べる[83]。しかしこの自愛心は他者を陥れてでも自己さえ得をすればそれでよいという一方的な利己心ではない。自愛心があるから他者に同感できるのである。

スミスの市場においては、他者も同じく自愛心を持つ存在であることを各アクターが認識している。市場における価格が、生産物を作る際の工夫や苦労などが反映され、心中の公平な第三者の同感が得られるものであるとき、パン屋や肉屋、そしてそれぞれの心中の公平な観察者は、満足することになる。多数の心中の第三者が同感する価格は、それぞれの製品の交換価値に帰着するものであるだろう。

アマルティア・セン[84]は、このパン屋と肉屋の箇所が頻繁に引用されながら、スミスが、利己主義は「意図しない」良い結果をももたらす、とする考え方の擁護者であるとされてきた、と慨嘆する。そのような言説を論駁するなかで、センは、スミスはこの箇所において、「相互に利益になる交換を求める**動機**には、彼が「自己愛」と呼んだもの以外には必要としない」と指摘したに過ぎない、と述べる。その上で、市場経済、交換経済は、「相互信頼と規範の共有」が重要であるという点もスミスは強調しているとし、これこそ『国富論』『道徳感情論』に通底するスミスの考え方だ、と主張する。

ヒース[85]も、スミスの市場における人間は没人格性（impersonality）を特徴とすると述べ、そこでは慈悲心（benevolence）は後退し自愛心（self-love）が支配的となるとする。この没人格性は、他者の視線を確認することに人を慣れさしめ、さらには心中の公平な観察者をよく意識する慣習・性癖をも涵養せしめるという、道徳的効果をもたらす。このように論じるヒースの、スミスの人間観についての結論は、次のとおりとなる。人間は、自愛心を持つとともに、慈悲心・自他心も有する。市場においては、自愛心が前面に出やすい。

その後の経済学では、新古典派を中心に、スミスの説くうち、自愛心、さらには利己心を人間の特性とみなして理論を発展させてきた。そこでは人はもっぱら自らの期待効用[86]を最大化するために合理的に行動することが前提とされる。

新古典派が前提とするこのような人間像を合意形成の場面に当てはめると、どうなるか。私利を基準に合理的に行動するステークホルダー同士であれば、確かに、怒り、恨みに駆られるよりはよほど冷静な交渉が成り立つだろう。とはいえ、公共心、利他心に基づき心中の公平な観察者がささやかなければ、より建設的な合意は成立しないかもしれない。

ところが、最新の経済学は、利己心や自愛心にとどまらない、利他心に基づき社会で行動する人間の実態を明らかにしたのである。

② 行動経済学の「善き市民」[87]

近年、経済学は、常に自分の利益を最大にするよう考え行動する、ホモ・エコノミクスを前提として理論を彫琢してきた。しかし、現実の人間はいつもこのようにホモ・エコノミクスとして行動しているわけではない。そのような視点に立って、このような人間像に修正を加える研究が深められるようになった。この研究分野が行動経済学である。その修正のひとつとして、「行動経済学では利他性や互恵性を人間がもっていることを前提として人間社会を考える」。[88]

ボウルズ[89]は、多くの先行研究や事例から、人が互恵の志向性を有し、公共的にふるまうものであることを明らかにした。そして、損得勘定という欲望の琴線に触れるべく「経済的」インセンティブをぶら下げて人の社会的行動を誘導しようとする政策は、しばしば意図する成果を上げられないどころか、逆効果さえもたらすことを、心理学的行動科学的実験を交え理論的に証明して見せた。社会にしばしば見られる人々の利他的公共的な選好が、このようなインセンティブによってクラウディングアウトされてしまうのである。

2.2. 個人の学習による変容

この本で紹介する事例で、住民の変容が確認できる。このような住民の変容は、いま説明したスミスの「公平な観察者」により説明できる。

自らの利害が侵害されると感じるとき、人はまず防衛反応を示す。その時心情は怒りに溢れる。しかし、いつまでも怒り狂って日々を過ごし続けるのではない。心中の「公平な観察者」のささやきが大きくなって、やがてはそれに耳を傾けるようになる。

ボウルズも言うように、人は利他的な心を持っている。「公平な観察者」の判断に従うようになると、他者の利害に理解を示すことになる。公共的な問題について学習を重ねると、人は公共的な課題に同感し向き合う方向に変容していくのである。

以上、どのようにして人は学習に伴い公共志向に変容するのか、そのプロセスを確認した。しかし、本書の事例のように、多くの公共的行動は、集団として進められる。次節からしばらく、集団の意識決定のありようを分析する。

2.3. 個人の意思決定と集団の意思決定―タルコット・パーソンズの理論

タルコット・パーソンズは、社会を構成する個人が刺激や変化に適合させて意識や行動を決定していく段階にまで遡りながら集団やコミュニティ全体の行為システムのふるまいを説明する理論として、LIGA モデルを提示した[90]。

これは、ノーバート・ウィーナーの理論を参照しつつ、社会の制御を、マックス・ウェーバー的な権力による統制とは異なった、アクター間の情報の伝達と影響の作用に基づくサイバネティックな制御としてとらえるものである。サイバネティクスの原理は、情報が多くエネルギーの少ないシステムが、エネルギーは多いけれども情報は少ないシステムを制御する、というものである、とされる。

LIGAは、それぞれLatency（Latent Pattern Maintenance；潜在性）、Integration（統合）、Goal Attainment（目標）、Adaptation（適合）を意味し、L→I→G→Aの順序で作用する[91]。社会行動システムについてこのLIGAモデルを適用すると、文化システム（L）が社会システム（I）を制御し、社会システムはパーソナリティ・システム（G）を制御することができ、パーソナリティ・システムは行動システム（A）を統御する。このうち文化システムとはその社会に共有されている価値観のような規範であると見なしうるだろう[92]。[93]

第1章の事例を観察すると、めいわく施設の立地という外部環境のインパクトが地域の文化システム（L）に大きく作用した。住民たちは、コミュニティ意識を覚醒させ、反対運動期成同盟のような新たな社会システム（I）を創りあげ、個々の構成員の意識・態度を変え行動を喚起した（G、A）。一方、早期に意識を変革した住民が地域に働きかけ、LIGAシステムの回転を促進したことも十分想定できる。つまり、AからLへのフィードバックの流れも頭に置く必要があろう。

情報の収集に伴う地域住民とその集団の学習と意思形成過程は次のように解釈できよう。

それぞれの住民に共有された情報は、学習によりやがて共同幻想とでも形容すべき潜在的な文化システムを醸成する（Latency）。さらに各人の学習・理解が深まってこの星雲のごとき文化システムが形をなしていって、具体的な一定の地域の共通認識、さらに疑似地域計画と呼びうるものが形成される。（Integration）。次いで、個々の住民レベルにまで消化・内面化される地域目標（Goal）が明確に定まり、地域が、そして個々人が、目標に適合的な行動を開始する（Adaptation）。

このパーソンズの理論にしたがえば、行政が強圧性を改め情報を流通させたときにも、ステークホルダーたる住民とその集団は、やがて合意に向かいうる。しかし、住民たちの怒りの心情が強く心中の第三者たる観察者の声が届かない時には、外部に実在する第三者の働きが必要となるかも知れない。これについては第Ⅲ編で詳しく見ていく。

また、地域コミュニティの変容については、4節でさらに考える。

3. 市民文化の変容

観察した事例からここまで述べたように分析すると、人々は、公共的課題について情報に接し、また市民参加の場を経験するなどにより、学習を積み重ねると、公共的課題を理解し、思考し、意思決定して行動する市民に変容を遂げていく、と推定しうる。そのような市民は、公共的課題の合意形成の場に参加することの意味や必要性を理解するだろう。また、そのような市民が参加するとき、公共的課題は理性的に判断・考察され帰着すべき結論において合意が形成されやすい、とみなしてよかろう[94]。以上を一言でまとめると、市民が公共志向の方向に変容していけば、公共的課題についての合意形成は達成されやすくなる、といえる。

そのような方向に市民が変わっていくことの可能性を、これまで挙げた廃棄物処理施設の立地に関する事例は教えてくれた。ここでは、先行研究の事例から、長期的にみれば、市民文化さえ変容することを確認する。

[市民文化の研究が指し示す市民の変容の実態]

アーモンドら[95]は、米・英・独・伊・メキシコの5国の市民に対して意識調査を実施して比較分析を行った。その結果、地方政府の公共政策に対して市民の側から共同で積極的に働きかけることにより影響力を及ぼし得るとみなす回答者は、米国、次いで英国が優位に多かったという。

この研究自体は、過去のものであるし、国単位の比較であるので、小さい地域についてもっぱら比較分析しているここでの研究に直ちに援用できるものではない。しかし、少なくとも市民文化（civic culture；アーモンドらの著書名）に地域差が存在するとみなすほうがもっともらしいということは示してくれる。

さらに注目すべき点は、アーモンドらが調査した1963年の政策参加市民意識の比較的低調なドイツと、私たちが最近観察できるドイツでは、市民文化がずいぶん変化しているという事実である。現在は1963年当時の米英のようにドイツ市民の公共政策分野や政治への積極的なかかわりや行動が顕著になってきている。このことは、原子力発電に対する国の姿勢に向かう市民の対応や、分散型再生可能エネルギーの地域主導による活用の現状に限ってみても、明らかである。さらに第4章2.2.②で取り上げる文献もそのようなドイツ市民の地方自治活動の現状を活写している[96]。このような行動の背景には公共政策関与志向市民意識の定着があるとみてよい。このドイツの例はすなわち、市民文化は固定的でなく変化、変容するものだということを示している。

アルバックス[97]は、このように変化してやがて定着した市民文化を「集合的記憶」と呼んでいる。例えば戦後日本で民主主義が根を下ろし、この変化は集合的記憶として定着したといえよう。アーモンドらの調査した公共参加型市民文化も、一時の流行で移ろいやすい性格のものというよりも、一旦変容してその社会に広がったとき集合的記憶として定着する傾向が強いだろう。英米の市民文化は1963年の調査時点以降権力・権威志向に激変してしまったとはいえない。

さてそれでは、市民・住民を取り巻く現在の日本の環境はこのように市民文化の公共志向への変容を支えるものなのだろうか、あるいは日本の市民文化はそのような方向に向いて動きつつあるのだろうか。

日本の情報公開・行政手続等の制度の変遷から判断すると、日本の行政は市民参加を重視する方向に変化してきている、すなわち市民文化のそのような変容のための環境を整えてきている、といえる[98]。

また、市民による積極的なNPO活動などの公共的社会活動も、そのような政策関与型の市民文化を広める上で重要な役割を果たしている。1998年には特定非営利活動促進法も施行され、このような市民活動は定着してきている。

このように確認していくと、日本の市民を取り巻く環境は、市民が公共志向に変容することを促す方向にそのベクトルを向けていることは間違いなかろう。

したがって、日本の市民文化はこれからも徐々に公共政策参加志向に変容していくと期待される[99]。

4. 地域コミュニティの変容

先に、住民が変容していく過程を確認した。これは住民一人ひとりの変容のプロセスに着目した分析であった。住民が変わっていくとその住民たちで構成するコミュニティも変容する。あるいはむしろ、パーソンズのモデルのように、例外的個人を別にすれば、コミュニティの環境と共通意識の変容がまず先にあって、これが個々の一般住民の意識と行動の変化に作用するとみなす方が適切かもしれない。

この節では、このコミュニティの変容について考察する。最初に、本書で取り扱っている事例からの洞察に基づき、地域コミュニティの性格・特徴の違いを類型化して示す。次いで、公共的関心の高いコミュニティへの変容の経路を考える。

4.1. 地域コミュニティのタイプの差異と行動の違い

図表：2.1 は、地域コミュニティを 3 つの類型に分け、その特徴を示したものである。「共同行動するコミュニティ」は、コミュニティ構成員が課題について議論し、結論を導いて、コミュニティとしての意思を決定できる。さらに、この結論をカウンターパーティである行政などに提示し、交渉を主体的に継続させる。また、コミュニティの意思を貫徹するために、構成員が共同で行動できる。つまりは、自治機能の高いコミュニティである。

一方、その対極にある「機能しないコミュニティ」とは、自治機能を有す

図表：2.1　地域コミュニティの類型とめいわく施設立地への反応

コミュニティの類型	めいわく施設への反応	事　例
共同行動するコミュニティ ［自治度・高］	コミュニティ構成員が議論・検討する。 コミュニティとして意思決定する。 施設立地受け入れのための条件を開発者に提示する、または反対の運動を構成員の大多数が参加して進める。 行政と対等に議論するなどして問題をマネジメントしていく。	杉並区地域（新設時・行政提案反対、建替時・行政提案受入）（第 1 章） 武蔵野市地域（行政政策受入）（第 5 章）
意思決定ができるコミュニティ	コミュニティとして意思決定する。	多くの地域
機能しないコミュニティ（コミュニティとして住民が共同マネジメントしていない地域） ［自治度・低］	コミュニティとして意思決定できない、コミュニティとして住民が共同で取り組む機能がない。	カナダ・アルバータ州の一部地域（第 6 章）

るコミュニティとして存在しておらず、単に住民たちが居住しているだけ、という地域である。

第6章で取り上げる、有害廃棄物等処理施設の立地賛成を住民投票で決めたカナダ・アルバータ州の場合、住民投票の対象とされたのは、トレーラーハウスに住む、低所得の人々である。定住率も低い。このような居住区では、生活環境維持・改善のための住民の共同行動は期待しにくい。一概には言えないものの、世界に点在するスラムの中には、貧困ゆえ地域自治のないエリアも存在すると思われる。このような地域において暴動が起こることがある。このような暴動は「共同行動するコミュニティ」による計画的にオーガナイズされた反対運動とは異なることに留意する必要がある。

一方、ワンルーム・マンションなどの密集する大都会の一部にも、隣人はもっぱら深夜に仕事に出て行き顔を合わせることすらほとんどないというふうに、都会であるからこそ成り立ちうる職業に従事する人たちが集住していて、コミュニティ機能が存在しないエリアがある。このような地域においては、マンション管理会社が、ごみの収集事業者への引き渡し、行政回覧情報の周知、郵便・宅配物代行受け取りなどの最低必要限の共同生活機能を肩代わりしている。ここではコミュニティが果たすべき機能は市場化されている。しかし、地域開発への住民としての対応など、市場に内部化されないコミュニティ機能を果たす担い手は存在しない。

多くのコミュニティは、住民の自治度に照らしてみると、この以上2つの類型の中間のどこかに位置するといえる。

4.2. 地域コミュニティの変容

諸事例からの結論は、公共政策の課題に向き合って学習を重ね変容するコミュニティは、図表：2.1の類型における共同行動するコミュニティ、自立するコミュニティに向かう。一般化すれば、コミュニティは、何らかの外的な作用因があるとき、このような変容を開始すると言えよう。その作用因のひとつに行政も含まれる。これについては次章7節で触れる。

そして、多くのコミュニティがこのように変容するとき、社会的ジレンマ現象により生じるコンフリクトは低減し、あるいは合意形成がなされやすくなる。言い換えれば、この方向へのコミュニティの変容は、社会総体を、社会的ジレンマ現象を根本的に解決させる方向へ向かわせる。

そうするとただちに、自立したコミュニティとされる杉並高井戸において、廃棄物政策史に残る反対運動が惹起したではないか、という疑問が呈されるかも知れない。

しかし、ここで、社会的ジレンマ現象の根本的解決とは何か、をまず問わなければならない。第6章で詳細に検討するように、社会的合意形成に参加するためのケイパビリティに欠ける社会的弱者などの住民が反対する力もなく他地域で嫌われる施設の自地域への立地を押し付けられスムースに施設の建設に至ったとき、筆者はこれを社会的ジレンマ現象が根本的に解決した、とはみなさない。

公共政策の上位目的は、地域住民の、市民の、国民の、リージョンの人々の、世界市民の福祉・厚生の向上である。すべての政策がすべてのステークホルダーにとってウィンウィンとなるものではない。必要な特定の便益を選択するため社会としてどうしてもコストを甘受せざるを得ない場合が多々ある。このとき、社会的弱者も含むすべてのステークホルダーが納得する条件下で便益とコストがフェアに配分されるに至ることが、理想的な政策の形成・履行の姿である。かかる理想的な状況のもとにおいては、社会的ジレンマ現象は解消しているだろう。このようなかたちでの社会的ジレンマの解消を、筆者は社会的ジレンマ現象の根本的解決と呼ぶ。

このような意味において、特定政策につき反対運動が起こらない場合よりも起こることの方が社会的に望ましい、というケースもありうるのである。なぜなら、反対運動が起こらないことによって社会にアンフェアな状態が定着してしまうことの方がより悪い事態だと評価されるべきだからである。

さて、そう考えると、長期的な観点から社会的ジレンマ現象を根本的に解決するためには、社会に参加し活動して福祉を享受できるという潜在能力、ケイパビリティを個々の住民一人ひとりが高めていき、併せて地域コミュニティが自治力というケイパビリティを強化し、さらには様々な公共政策を評価して見解を主張する力を市民が身につけることが理想であろう[100]。これはここでのテーマである社会的ジレンマ現象のみならず地域社会がかかえる様々な問題を解決するためのひとつの解でもある。

次節では、地域コミュニティの考察の一環として、町内会について考える。本書の事例を含め、日本の地域の意思決定における大きなアクターが町内会であり続けているからである。

4.3. 町内会

① ステークホルダーとしての地域とは

「地域が特定の公共政策に反対する」とはどういうことなのか。「地域」とは何か。「地域の反対意見」とは、具体的に地域に居住する「人」の意見でなければならないだろう。では「地域の意見」とは「誰」の意見なのか。

家庭から排出されるごみを焼却処理する施設が、自らが居住する地域内に建設される。このような計画を市役所が計画していることを知った個人Aが、この計画に反対する感情を抱いたとする。A が市役所に電話をかけ、私は反対する、建設計画は白紙撤回せよ、と訴えたとしても、市役所は、これをもって地元の地域が反対したと認知しないかも知れない。A が近隣の住民に訴えて、住区の 20 名分の署名を携えて市役所に抗議に出向いた場合はどうだろうか。A が町内会長であって、A 個人として市役所に電話をした場合、市役所の反応はどうだろうか。A が町内会長であって、正式に町内会の会議を開き、住民が反対を決議し、A が代表して市役所に出向いて申し入れたらどうだろうか。少なくとも最後の例では、市役所は地元の地域が反対していると認知せざるを得ないだろう。

この地域に B が居住していた。B は、自分たちの排出するごみは当然自分たちの市域内で処理すべきだと常々考えていた。自らが住む地域内に焼却施設を建設しようとする市役所の計画を知って、市内のあちこちの空き地の状況について思いめぐらせ、やはり自分たち住む地域に焼却施設を建設するという選択はやむを得ない、B はそう思ったとしよう。近所の人々と雑談すると、焼却施設が建設されてもしかたないだろう、という人が多い。さて、地域は賛成していると言えるのだろうか。B たちの考えと異なり、地域の有力者である町内会長の A が強硬に反対し、町内会の会議で、ろくに議論もなされることなく建設反対が決まってしまったとしよう。地域は反対していることになるのか。おそらく外部からは反対しているとみなされよう。

これら架空例からわかるように、一口に「地域の意思」といっても、それが何なのかは、実は問題なのである。コミュニティの価値と構成員たる個人の価値がかい離してしまうこともあって当然なはずだ。しかし、いくつかの事例をみても、地域の意思は、地域外との関係においては、ひとつに決まる、あるいは内部に異見がくすぶっていてもひとつに決まっていると社会的にみなされる。そして、その時起きている事件において、地域は一枚岩として取り扱われ、進展していくのである。

② 町内会

以上のように考えると、地域にめいわく施設を立地する公共政策にかかわる合意形成問題は、地域性を特色とする問題、すなわち、限定された地域における、あるいはそのような地域と他の地域との間における合意形成に関する問題である。したがって、そのような地域レベルでの、あるいは地域の内部における合意形成の実体を分析する必要がある。

日本において地域の合意形成に大きな役割を果たしているのが、町内会[101]である。

町内会は、感覚的には盛期を過ぎて現代は目立たなくなってしまった過去の地域団体のように思われる向きがあるかも知れないけれども、政令市（神戸を除く19市）のうち自治会加入率が7割を超えている都市が12市あることからもわかるように、現在も身近な団体として存在し続けている[102]。

筆者が調査した日本における廃棄物処理施設の立地に関わる本書の事例ではほとんど町内会が関わっている。町内会は市町村行政の地域政策の実施の一翼を担う（行政の下請け）ことが多い[103]。しかし、廃棄物処理施設反対運動の事例からもわかるように、行政と対峙する地域で中心的な役割を担うのもやはり町内会なのである。

都市の町内会の成立は、直接的には大正デモクラシーから昭和初期とされる[104]。第二次大戦後、占領軍の政策により一時廃止されるものの、復活して現在に至っている[105]。

その重要な特徴は、地域住民が（世帯単位で）、原則として全員加入する点にある。少なくとも未加入者もその存在を認知・承認している。したがって、「町内会は異質な者の寄り集まりであ」り、「これを統合していくのが町内会の機能」であるから「町内会がそれ自身のイデオロギーを持つ団体とは考えられ」ない。[106]

そうすると、町内会が大きな役割を果たす地域の合意形成は次の特徴を持つと考えられる。すなわち、町内会においては一般的に地域住民が広く共有できる最大公約数的な価値に基づき合意が形成される。そして、対外関係においては、町内会は合意された共通の価値に基づいて発言、主張、行動する。これが一枚岩の地域の主張である。

先の例のBのように、公益を重視する人々も大なり小なり地域に存在するだろう。しかし、町内会としての意思は、住民一般に広く共有されている、ないしは個人としてはあまり好まないとしても多数の住民のコンセンサスとしてそのように決まっていくことは否定しがたいとされる、そのような価値観によって決定される。それは往々にして実利を優先する価値観である。実利とは、地域にとっての私益（地域構成員一人ひとりにとっては地域の公益）である。

また、本当の客観リスクが必ずしも反映するとは限らず、多数の住民が感じる主観リスク（perceived risk）の高低が意思決定を左右する。

中川の指摘するように、町内会自体はイデオロギーを持たない。地方行政の手足として活動してこようが、地域の付き合いでたまたま保守系の議員の選挙地盤となっていようが、地域住民が大損をすると感じる公共政策、あるいは住民の感じるリスクが一気に高まってしまうような公共政策が強行されようとすると、一転して、それまで協力してきた行政や体制に対し反対の旗幟を鮮明に掲げる、それが町内会である。

ここまで、公共政策をめぐるコンフリクトを対象に、合意形成に向けたプロセスにおいて観察される住民の変容にスポットをあて、子細に論じた。この考察から、一方のステークホルダーである住民は、学習により理にかなった合意を成立させる方向に変容することが明らかになった。

では、もう一方のステークホルダーである行政はどうなのか。

1つ目の問いは、行政は変容をするのか。

2つ目は、もしそうだとすれば、どのような経路を経て変わるのか。住民同様学習によって変わるのか。あるいは別のダイナミズムがあるのだろうか。

次章で上記の問いに答えることにしたい。

〈参考●聴き取り調査〉

1 武蔵野クリーンセンター

2011年2月聴き取り。対象者：武蔵野市職員1名。

[注釈]

78 この章は実態の観察からの洞察に軸足を置きながらステークホルダーである住民・市民の変容について論じている。理論的に先行研究を参考にしながら独自の見解に到達したステークホルダーの「選好の変容」の研究として田村哲樹（2008）『熟議の理由　民主主義の政治理論』、勁草書房がある。

79 2011 聴き取り調査

80 Rawls, John (1971). *A Theory of Justice.* Cambridge, Mass.: Harvard University Press. ((1999). revised edition.)（初版：矢島鈞次監訳（1979）『正義論』、紀伊國屋書店、改訂版：川本隆史・福間聡・神島裕子訳（2010）『正義論』、紀伊國屋書店）。ロールズは、各個人が、現実への評価や自身の価値観を、『正義論』で提示した公正としての正義の原理に適合させていく過程として、この概念を用いている。

81 以上、Smith, Adam (1759, 6th edition 1790). *The Theory of Moral Sentiments.* London: Printed for A. Millar, and A. Kincaid and J. Bell.（水田洋訳（1973）『道徳感情論』、筑摩書房、ただし、「中立的な観察者」は「公平な観察者」と訳した）

82 Hutchison, T.W. (1976). The Bicentenary of Adam Smith. (Wood, John Cunningham ed.. Adam Smith: *Critical Assessments*, Vol. Ⅱ. London: Routledge. pp.160-171), p. 161

83 Smith, Adam (1776). *An Inquiry into the Nature and Causes of the Wealth of Nations.* London: W. Strahan, and T. Cadell. Book Ⅰ, Chapter Ⅱ

84 Sen, Amartya (1999). *Development as Freedom*, Oxford: Oxford University Press.（石塚雅彦訳（2000）『自由と経済開発』、日本経済新聞社）、第 11 章。引用は、石塚訳による。

85 Heath, Eugene (2013). Adam Smith and Self-interest. (Berry, Christopher J., Paganelli, Maria Pia, Smith, Craig eds.. *The Oxford Handbook of Adam Smith.* Oxford: Oxford University Press. pp. 241-264), p.257

86 川越敏司（2020）『「意思決定」の科学』、講談社

87 行動経済学の知見の参照は、名古屋学院大学大学院経済経営研究科の阿部太郎教授のご教示による。

88 大竹文雄（2019）『行動経済学の使い方』、岩波書店。引用は p.3。

89 Bowles, Samuel (2016). *The Moral Economy: Why Good Incentives Are No Substitute for Good Citizens*, New Haven: Yale University Press.（上村博恭・磯谷明徳・遠山広徳訳（2017）『モラル・エコノミー　インセンティブか善き市民か』、NTT 出版）

90 本文で取り上げるパーソンズのほか、集団を構成する個々人の意見表明と全体意思形成に着目した研究として、尾花恭介・前田洋枝・藤井聡（2018）「産業廃棄物処理事業を題材とした受容評価に関する意思表明過程―本音と建前の意思表明に影響を及ぼす要因と検討―」、環境科学会誌、31(6)、261-271 がある。また、社会学では個人間のネットワーク（パーソナル・ネットワーク）の研究が積み重ねられている（盛岡清志（2012）『パーソナル・ネットワーク論』、放送大学教育振興協会、Rogers, Everett M. & Kincaid, D. Lawrence (1981). *Communication Networks: Toward a New Paradigm for Research.* New York: The Free Press.）。

91 Parsons, Talcott & Platt, M. Gerald (1973). *The American University.* Cambridge,

Mass.: Harvard University Press. の発表時点における説明。

92 Parsons & Platt（1973）. op. cit. は、ベラー（Bellah, Robert N. (1967). Civil Religion in America. *Daedalus*, Winter 1967, 1-21.）のいう the American civil religion（神の存在 [必ずしもキリスト教のそれに限定されない]、人生観、徳と悪の評価など）を紹介している。これなど文化システムの例とみなしてよかろう。

93 以上、Parsons & Platt (1973). *op. cit.*, pp.423-447、なお、Parsons, Talcott、倉田和四生編訳（1984）『社会システムの構造と変化』、創文社（1978 年来日時の講演録）も参照。

94 ただし、他のステークホルダーもまた公共志向価値観を有し理性的に判断するという前提と、その公共的課題が理性的に検討を進めれば一定の結論に至るものであるという前提が条件となる。

95 Almond, Gabriel A. and Verba, Sidney (1963). *The Civic Culture: Political Attitudes and Democracy in Five Nations*, Chapter 7. Princeton, N.J.: Princeton University Press. pp.180-213

96 住沢博紀（2002）「ドイツ」（竹下譲監修・著『新版　世界の地方自治制度』、イマジン出版、pp.135-161）
近藤正基（2016）「集権化する連邦制？　ドイツにおける第一次連邦制改革の効果と政治的要因」（秋月健吾・南京兌『地方分権の国際比較』、慈学社出版、pp.157-179）
高松平蔵（2016）『ドイツの地方都市はなぜクリエイティブなのか　質を高めるメカニズム』、学芸出版社

97 Halbwachs, Maurice (1950). *La mémoire collective*. Paris: Presses universitaires de France.（小関藤一郎訳（1989）『集合的記憶』、行路社）

98 行政の変容については次章で詳述する。

99 ただし、中央・地方のさまざまな選挙の投票率の変化からも判断されるように、市民の関心というベクトルが一方で作用する。公共問題に関心が高まる時市民は活性化される。関心の低い公共政策は市民の反発も小さくコンフリクトも生じにくいだろう。しかし、市民の反発がなければ合意形成の問題も生じないのでそれでいいというものではなく、市民の関心を呼び起こしにくい政策が必ずしも市民にとって重要でないとは言えないという事実に向き合う必要がある。例えば（世界レベルの）地域間分配問題や、世代間分配問題は、倫理学の対象ともなる公共政策に関する大きな課題である。しかし、身近な公共的問題に比べて市民の関心が十分高いとは言えない。

100「ケイパビリティ」は Amartya Sen による。その出典も含め、このようなケイパビリティに欠ける市民・住民に関し、第 6 章で詳述する。

101 自治会、町会とも呼ばれ、農村部では部落会などと称される。

102 早瀬昇（2016）「「やらされ感」から「やりたい」へ：地域活動の最前線」、ウォロ、2016. 4・5 月号、大阪ボランティア協会、1-2）、p.2

103 高木鉦作（2005）『町内会の廃止と「新生活共同体の結成」』、東京大学出版会

104 玉野和志（1993）『近代日本の都市化と町内会の成立』、行人社

105 吉原直樹（1989）『戦後改革と地域住民組織：占領下の都市町内会』、ミネルヴァ書房

106 中川剛（1980）『町内会　日本人の自治意識』中央公論社、引用は p.132

第3章

行政の変容

1. 市民とは異なる行政の変容過程

個別のコンフリクト事象につき、行政も、住民と同様の方向に学習によって短期間で変容するとしよう。そうであれば、合意のゴールに向かいステークホルダー同士が歩み寄っていくとにより、社会において有用な公共政策に伴うコンフリクトは、均衡点において決着することが期待できる。

社会にとって有用な公共政策は、本来その均衡点を持つ政策である。それゆえ、各ステークホルダーが合理的に行動・変容するならばその均衡点にそれぞれ自ずとたどり着く経路を内包している。逆に言えば、均衡点がなくステークホルダーが交わりえない政策は、社会にとって有用な公共政策とはみなしえない。帰結として、その政策案は棄却されることになる。つまり、行政も市民と同様短期に学習による変容を遂げるならば、社会にとって有用な公共政策は、変容のモーメントがうまく与えられるとき、実現に至ることになる。

以上のバラ色の仮定と結論は魅力的であるので、筆者はかなりこだわってそのような推論が可能ではないかと模索を重ねた。しかし、そのような仮説は、否定されないまでも、十分なエビデンスを持っては論証しがたい、そういわざるを得ない。

住民の変容は、複数の事例で観察しえた。本書参考文献の欄に挙げた聴き取り対象の人々以外にも、交流の機会を持ちえた住民もあって、その住民のネットワークを通じてさらにその他の人々の経験談を聞き現在の活動を間近に確認することもできた。そのほか、地方自治の現場や地域の住民活動の生き生きとした実態は、ここに挙げ得ないほど多くの研究者や知人から情報をえた[107]。

したがって、コンフリクトのインパクトによる短期的な住民の変容も、そのような強烈な刺激を伴わない長期的変容も、現実の社会では日々見られるものであると確信する。

一方行政は、コンフリクトのインパクトが直接の原因となって学習し、短期的に大きく変容するのか。そのような事例がないとは（論理的に）言えないけれども、しかしそうとは解釈しにくい事例が多く観察できる一方、これに該当する事例は確認できていない。[108]

[行政の変容の特徴]

しかし、長期的に行政が変容していることは間違いない。それは制度の変遷から類推できる。例えば行政情報の公開は、確かに制度が法制化されるまで、そして法制化されてからも、その動きが急激だとは言えないだろうけれども、国、自治体とも差異はあれ情報をオープンにする方向に変容を遂げてきていることは間違いない。[109]

この章では、この行政の長期的な変容について考察する。行政の変化は何によってもたらされるのか。

ここで着目するのが、住民・市民の変化・変容である。市民が変われば行政も変わる。

このほかにも行政が変わる要因はいくつかある。海外も含めた外部環境としての規範や常識の変化が、長期的に行政の変容に及ぼす影響は大きい。例えば先進諸国において市民の知る権利を当然視する規範的前提に立って情報公開制度が整備され、さらに市民のアクセスの利便性を高めるため積極的にインターネット等で情報を公開していく方向に制度の充実が進展すると、日本においても早晩、政府（中央·地方）は同様の方向に舵を切っていく。また、後述するように地方政府の政策相互参照は顕著で、市民に対する応答の仕方の制度も、さまざまな地方政策と同様に、他の自治体の制度を模倣することにより変容していく。

このような行政の変容について考察するにあたり、まず、行政が強力な政治アクターであることを確認しておく。行政が、政治家から与えられた政策をただ粛々と執行する実行マシンに過ぎないならば、住民と対峙し、あるいは合意を取り結ぶ権能を持っていないことになってしまう。また、与えられたマニュアルにしたがって動くのみなら内発的変容もないことになる。しかし、行政は、確かに、日々、自ら政策を企画し、合意を取り付けて、政策を主体的に執り進めている。これは政治的ふるまい以外のなにものでもない。
この行政の政治機能の確認に次いで、行政組織の内部を覗き、行政の意思形成のプロセスを明らかにする。
その上で、行政について変容過程を子細に分析する。

2. 政治機能を揮う行政

2.1. 行政の政治機能

[国家行政の政治機能]

行政学説史の大きな潮流であるアメリカ行政学では、かつて「政治行政分断論」が唱えられていた。アメリカに見られた、大統領が替わると行政幹部も入れ替わるというスポイルズ・システム（猟官制）の問題点が指摘されるなかで、政治と行政を切り離し、国家意思を表明する政治に対し、行政はこの国家意思の執行を粛々と担うべきものとされた。テーラー・システムなどの企業の組織管理論も行政組織の合理的管理に援用された。
このあと、行政の組織の理論の研究が進展していった。
1940年代以降、「執行権が統合され、官僚制が育成され、行政首長が行政機構を掌握したとき、行政の位置づけは大きく変貌する。行政の仕事はもはや政策を実施する技術的な過程ではなくなり、政策形成の機能を担うようになる」[110]。このような状況から、「政治行政融合論」を唱える学説が登場した。
この文脈で、日本の学会では「政官関係論」が議論された。ここでは、日本の国家官僚は、「国士型官僚」「調整型官僚」「官吏型官僚」のタイプがあるとされる。1960年代までは、上層部の官僚はほとんどが、国を背負っているという使命感をもち主導して政策を立案・遂行する「国士型官僚」であった。1970年代になると、利益団体の活動の活発化や政党政治環境の変化から、ステークホルダーを調整する「調整型官僚」が台頭するようになった。1980年代の中ごろ以降は、官僚に対する政治家や社会からの圧力が強まってきて、必要最小限の仕事だけをしようとする「官吏型官僚」が現れた。[111] この3タイプのうち前2者は、政治機能を強く担っている官僚である。[112]

[地方行政の政治機能]

地方政府においても、政策形成という政治機能を職員集団＝行政が担っている。政策の企画立案に加え、ステークホルダーを調整して計画を実現させることも地方政府職員の重要な仕事である。そして、職員の政策調整対象者には、議員のような政治アクターも含まれる。首長という最高峰の上司をも調整対象者とみなす意識さえ、職員の心中から垣間見えるときもある。

国の官僚の場合、近年の政治主導の制度改革により、従来のように省庁ごとに政策が決められていく「官僚内閣制」は弱まってくるとされる[113]。一方、地方においては、もともと首長が政治的正統性を有し、政治アクターとして政策決定をすることが可能である。実際そのような事例も見られる。しかし、例えば部局の縦割りを廃して庁内に首長直属の総合政策立案部局を設ける場合であってさえ、個々の政策案は首長ではなくその総合政策部局の行政職員が立案することも多いと思われる。

柳至は、自治体（都道府県）の事業廃止の事例（土地開発公社、自治体病院、ダム計画の廃止廃案）を分析しながら、不利益分配の公共政策について首長・議員・行政職員といったアクターの位置づけを論じている[114]。本論文で取り扱っているめいわく施設立地政策は、この政策廃止に伴う不利益分配の事例に類似する特徴を有し、柳の分析は大変参考になる。

この研究によれば、政策決定前過程すなわち政策課題（ここでは特定事業廃止）を検討アジェンダとして提示・設定する段階においても、決定過程すなわちその政策の遂行にゴーサインを出す段階においても、地方政府職員や行政部局組織の作用は大きい。

前者段階では、とりわけ議員は既存事業廃止に伴い不利益を被るおそれのあるステークホルダー（地元住民）の前面に立つ役回りとなる政策提案者になりたがらない。このような嫌われ役はしばしば行政が演じる。職員以外に知事がキー・アクターとなるときもある。美濃部都知事の事例で触れたように、知事は行政の長と政治家の2つの顔を持つ。

後者の廃止施策決定段階においては、その決定内容を他のアクターに説明して説得する必要があり、キー・アクターにはその政策についての専門性が要求される。したがって行政職員が大きな役割を担うことが多くなる。

以上のように、政策廃止過程において、行政の役割が非常に大きいことを、柳は明らかにしている。

政策は長期に渡って制度として定着しているものも多い。これは廃棄物に関する諸政策にもみてとれる。北山は、国民健康保険関係の制度を分析しながら、制度変更・制度発展は経路依存性があると論じる[115]。いったん定着した制度は、改定のたびに白紙に戻されるのではなく、漸進的（incremental）

に変わっていく。こうなると廃止も含めた制度変更の政策形成の担い手にはとりわけ過去の経過も熟知した専門性が求められることになり、行政職員集団がイニシアティブを取る傾向が強くなる。

以上したがって、行政は政治過程である政策形成に大きな位置を占める。

2.2. 地方の首長と議会、および行政の政治機能

このように、行政は強大な政治アクターである。しかし、行政以外にも政策形成に影響を及ぼす政治アクターは存在する。そこでここでは、とりわけ廃棄物処理施設立地のような地方政策における重要な政治アクターである首長と地方議会・議員の政治機能を確認しておく。

政策形成において、行政は必ず大きなアクターとして存在する。一方、首長、議会・議員の政策に対する関わり方は、次のように、その時々の条件・環境によって濃淡が生じることになる。

1－1　その政策イッシューが社会において政治問題化していないとき、首長は、例えば廃棄物処理施設立地地元への初動対応など、政策について、地方政府職員から報告は受けるものの、職員集団が蓄積してきた手順に則った手続きによる政策形成に委ねる。

1－2　その政策イッシューが社会において政治問題化していないとき、議会は、例えば廃棄物処理施設立地地元への初動対応など、政策について、立地地元選出議員が地方政府職員から報告・相談を受ける。議員は意見を述べながら初動対応を職員集団に委ねる。

2－1　その政策イッシューがすでに政治問題化しているとき、またはその政策イッシューに個人的関心が強いとき、首長は、職員集団の手順と異なった進め方で政策形成を主導することがある。

2－2　その政策イッシューがすでに政治問題化しているとき、またはその政策イッシューに対する特定の関係議員の個人的関心が強いとき、議会・議員は、職員集団の手順と異なった進め方で政策形成を主導することがある。
とりわけ議員が選出される地元に特にかかわる政策に関しては、議員は当事者意識、関係者意識をいだくことが通例である。

なお、首長は、選挙で選ばれた独立政治アクターとしての立場と、公務員

集団の意思に影響を受ける組織長としての性格を併せ持つ。いずれの立場としてではあれ、首長は、政策を企画する職員から報告を受け、最終意思決定（官僚組織決定への承認を含む）を求められる。

地方政治を実証的に分析した曽我・待鳥によれば、とりわけ無党派の首長（曽我・待鳥の研究では知事）は財政規律など長期的な政策課題により関心を持ち、議員は地元の福祉など地域的な政策課題への取り組みにより興味を抱く傾向がある[116]。私たちのテーマである廃棄物処理施設の立地は地域に影響を及ぼす政策であることから、立地地元議員が関心を示す政策である。換言すれば、このような政策においては地元議員は地方政府職員にとっての大きな「調整対象」となる。

以上のような行政と他の政治アクターとの関係は、第1章の事例においても確認できる。

この2節で、行政の政治機能が強大であることがわかった。次に、そのような行政の意思形成はどのようにしてなされるのか、行政組織内部を覗き見て確認する。

3. 行政の意思形成過程

3.1 行政の意思形成過程

[行政の意思形成の仕組み]

行政組織内部において、職員たちは、どのようなルール、しきたりに基づき、いかなる手順を踏んで、行政組織としての意思を形成していくのだろうか。ここでは地方行政をイメージしてそのメカニズムを解明する。

行政事務には「起案」という「政策案の確定」手順がある。日本の行政は、紙文書または電子文書（コンピュータ・データとしての文書）により決裁文書を作成して、稟議により意思決定する。通常、係員が起案文書を作成し、順に上位の上司が確認していく。紙文書では押印されてのち次の職員に回付される。しかし、新規政策や大きな政策変更については、係員が思い付きで起案することはまずない。事前に組織内部で会議を開くなどして職員間の意見交換・調整が行われる。

そのような政策形成において、各職員の発想や政策案の選択幅の制限枠を規定する共通の枠組みが存在する。その枠組みは、福祉、環境、教育、徴税など政策のタイプごとの前例の積み重ねによる基本価値基準や企画・実施手順として、また一方では県政・市政一般に共通する行政姿勢や価値観として、明文化されないかたちで暗黙の裡に職員間に共有されている。共通の姿勢・価値観とは、例えば市民への一般的対応姿勢・市民参加の評価、マスコミへの応対姿勢などである。議会、有力な住民団体・地域団体・企業団体等、国や上位・下位自治体政府といった外部との関係の認識と対応のあり様についても、同様の潜在する共通枠組みがあって政策案とその形成スタイルの幅を規定している。

すなわち、行政には、外形としてはビヘイビアを規定する慣行がある。これを職員の意識面からみると、このような慣行と表裏一体である発想枠（way of thinking）が、その組織のいわば行政文化を形成している。

廃棄物処理施設を立地する場合、これを行政内部で決定して住民に押し付けるか、住民の意見を聴くかたちを採るか、真正に住民、市民と協働して決定するか、という選択は、この暗黙の共通枠組み、言い換えれば、メタ政策形成のレベルの判断規範に属することがらである。このメタ政策形成レベルの共通枠組みそのものは、それぞれの個別政策の形成に際しいちいち検討の対象とされることはない。この共通枠組みは当たり前の前提として議論が開始される。

［行政文化＝慣行と発想枠＝「しがらみ」は短期に一変しにくい］

この「メタ政策形成レベルの共通枠組み」を、いま簡単に「しがらみ」と呼んでおく。辞書的な意味のしがらみとは異なり、多くの職員が脳や心の無意識領域に潜在させている発想枠組みも含んだものである。

市民が提案や意見・異見を伝えるため行政職員と接するとき、行政職員の発想や説明の仕方の底にある価値観に違和感を覚えることがある。その原因のひとつはこの「しがらみ」である。職員はこの「しがらみ」を意識していて、しかし市民にはそれを明かせないときもある。また職員自身がその「しがらみ」を意識しておらず、知らず知らずに市民の常識から外れた論法で語っている場合もある。[117]

これまで取り上げた住民による廃棄物処理施設立地反対のような対行政抵抗運動の多くは、行政の「慣行」、さらに「発想枠」に対する怒りであり、これら「しがらみ」の変更を求める行動でもある、と位置付けることができる。

市民の変容には、「情報」が大きく影響し、一方行政の「しがらみ」に類するものの作用が小さい。情報に接し、事実・真実を知ると、新鮮に感じ、ときに感動もする。「しがらみ」に縛られないから、「事実がそうであるならば、こうあるべきである」、という次の思考もただちに生まれる。

それに対して、行政は、すでに「情報」を有している。むしろ、行政が決めた方向に情報の流れをコントロールすることさえできる。そして「しがらみ」がある。仮に住民との交渉の窓口である一職員が「しがらみ」の矛盾に気付いたとしても、この職員は組織の歯車のひとつであり、行政組織としての「しがらみ」を変えることはなかなか容易ではない。

住民は学習によって変容する。ここで学習とは情報の論理的・客観的・科学的処理である。この過程は比較的に短時間に進行する。したがって住民は速く変わり得る。

行政は「しがらみ」を変えることによって変容する。これにもっとも大きく作用するのは、のちに詳述するように、市民への応答としての「しがらみ」の長期的調整と、社会の常識・規範・価値観の変化である。「しがらみ」が裸の王様のそれと気付いたとき、もっとも鈍感な行政組織も変容を開始する。

なお、行政という組織は学習によっては変容しないとしても、職員個人は学習によって変容することがある。そのような職員は自ら新たに身に着けた行政規範、あるいは「良心」と、「しがらみ」との間に挟まれて悩むことになる。

さて、この「しがらみ」は、先述のとおり「慣行」とそれに由来する「発想枠」から成る[118]。このうち「慣行」は、外部からの作用によって一転してしまうことがある。連動して、とりわけルーティンワークにかかる単なる「前歴踏襲」の「発想枠」も容易に変化することもある。

かつて一部の自治体では、ごみの収集作業職員に対し住民が収集現場で祭事などにお礼の品を渡す慣習があった。これがメディアにより報道・批判され、首長や議員がこの慣行をやめるよう指示などすると、対象職員とて市民感覚があるから、すぐに従ってこのようなお礼の受け取りを不可と認識し、住民の申し出を断るようになる[119]。

「しがらみ」には、以上のように、行政のルーティン・マニュアルといった性格のものもある。一方、政策形成の進め方にからむ「しがらみ」は、このようにもっぱら手足で覚えるタイプではない。市民参加、市民との協働を当然とみなす発想という「しがらみ」がその代表的なものである。行政の政治的ふるまいの多くは後者のような「しがらみ」としての標準手順に則る。前者の、前歴踏襲的ルーティンワークと一体となった「発想枠」は、「慣行」の変化に合わせて容易に変わる。一方、政策形成や政治的言動を左右する「発想枠」は、より固着的である。後者の「発想枠」は、コアな行政組織文化と呼びうるものである。

このような行政組織文化を変容させる要素は何なのか、5節以下で解明する。

3.2. 行政の意思形成の合理性の想定とその批判

さて、このような「しがらみ」に基づく行政の意思形成の仕組みは、その場その場で手のひらを返しては戻すような意思決定のスタイルにはなじまない。このような「しがらみ」が固着する安定型の組織を、マックス・ウェーバーは官僚制として描いた。ウェーバーによれば、官僚制に基づく政治は合理的である。

一方、官僚制の合理性の評価については批判もある。

マートン[120]は、官僚制の弊害を、「手段的価値が終極的価値になってくる」「融通のきかない杓子定規」「形式主義」「儀礼主義」[121]などと形容して、このような欠点を官僚制の「逆機能」と呼んだ。

ウィルダフスキー[122]は、当時のアメリカの国家予算の編成過程を実証的に分析して、行政担当者が個々の専門特化された担当事業について限定的視野に立って議会（の事業別委員会）とやりとりして予算を編成していく実態を明らかにした。結果として、次年度予算額は前年度の各事業の予算額が漸変して決まっていく（incrementalism）という。すなわち、行政は多様な政策課題を総合的に判断・比較して優先順位を評価したうえで予算配分すべき事業や計上予算額を決定するのではない。そこに新たな市民ニーズに柔軟に対応していく姿勢が欠落した硬直的な予算編成・予算執行の姿を見て取ることも可能だ[123]。

ブキャナンは、便益と負担を伴う公共政策につき、利害が関係する住民が住民投票で直接共同選択すべきであると主張した。彼は、官僚制や代議制民主主義の議会において、多元的価値が競い合って政策や予算が決定するといっても、つまるところ特定の私益同士の選択になるとみなした。そこでこの過程にあって主要な機能を担う官僚制に不信感を抱いていた。ブキャナンの指摘は、マスグレイヴの反論と共に、第4章4.5でも取り上げる。[124]

「しがらみ」に基づく官僚制の判断が、いかなる市民にとっても合理的と評価できるものである保証は全くない。一部市民のやむをえない犠牲の上に立って、「最大多数の最大幸福」という功利主義の条件を満たす合理的政策の選択と履行を、官僚制が必ず達成するのだとするのさえ、あまりに強すぎる仮説である。

しかし官僚制は、「しがらみ」に基づく内部の論理・基準から評価する限りにおいて、「合理的」に判断を下すものと考えられる。ポピュリスト首長や首相が「合理的」でない政策を強要しようとすると、官僚制は抵抗する。論理と志を捨てトップ政治層への追従に走る官僚（制）は、劣化、堕落したと非難される。

4. 市民の差異がもたらす行政の差異

4.1. 市民の差異がもたらす行政の差異

ここでは、行政の変容の程度の差異が市民性の差異と相関することを確認する。

ロバート・パットナム[125]は、イタリアにおける実証的な分析を通じて、統治機構のパーフォーマンスの違いには市民文化が関係していることを明らかにした。市民が互酬的なコミュニティを形成し、公共政策を自らの課題であると捉え、政策形成に積極的に参加していく姿勢を広く共有している、社会関係資本[126]が充実している地域（この研究では北イタリア）において、州政府の行政パーフォーマンスが（南イタリアに比べて）優れており、民主主義がよりうまく機能しているというのである。

このような社会関係資本が充実している地域では、なぜ行政のパーフォーマンスが高いのであろうか。パットナムは、ゲームの理論も用いながら次のように説明している。

市民同士が信頼し互酬的に地域活動・社会活動に取り組むという伝統のない地域（南イタリア）は、囚人のジレンマで説明される個人の行動様式が一般的である。他者を信頼せず、結果として得られる個人の利得は信頼して協力し合う場合に比べ小さいものとなってしまう。社会はこの状態で安定するため（ナッシュ均衡）、南イタリア社会はパレート効率的でない状態で停滞してしまっている。このとき、社会の一員である行政も、権威主義的であり、汚職も見受けられるという。

一方の北イタリアは、市民が相互に信頼して互酬的であり、様々なグループを形成しての社会的な活動が活発である。ここではお互いの協力による効率的なパーフォーマンスを維持する状態が社会の持続的な均衡点である。行政は、このような社会の一員であるから、やはり同様の行動様式を採り、ゲームの理論に即していえば他のプレイヤーである市民を信頼・尊重し、したがって民主的であるという。

行政のあり様と市民の公共的課題への向かい方には相関する関係がある。その前提に立って、市民のタイプによって異なる行政の類型をパターン化する。第2章4.1でコミュニティのタイプを類型化した、あの行政バージョンである。

4.2. 行政の類型

① 市民参加対応からみた行政類型

図表：3.1は、地域開発を行政が行う場合の行政のアクションの類型を、市民に関わってまとめたものである。めいわく施設の立地を例としている。

DADとはDecide Announce Defendの略で、行政が政策を決定、住民に告知し、その後は住民の非難・攻撃を徹底的にディフェンスする、という政策・開発等の進め方である。クンロイターら[127]は、米国やカナダにおいても1970年代にはDADが一般的であったとしている。なお、この文献によればDADの用語は米国でよく用いられているとのことである。

DAD型で政策を押しつけてくる行政に対しては、3.1項でみたとおり、また、第1章の事例からもわかるように、住民はこのような態度が行政文化として浸透している行政機関の体質からくるものと理解することが多い。この場合、行政に対する信頼感は住民に共有されず、対立の構造と社会的ジレンマ現象は、ことあるごとに繰り返されることとなる。

このやり方では政策の履行が円滑に進まないことから、行政側もやがて対応を変えていくことになろう。まず地元住民に喜ばれるような施設を被害[128]の代償として建設するようになる。地元還元施設などと呼ばれ、日本においては焼却施設の近傍に焼却余熱を利用した温水プールが建設されている例が多くある。

次いで行政は、情報公開制度を整備したり、住民参加による政策形成に取り組むようになる[129]。日本の多くの行政組織の場合、このような市民参加制度は、新たな市民行政関係規範を育てることを期待されつつ、組織外部の制度を参照してまず導入される。市民との交流の経験を重ねるにつれ、やがて行政は、市民との協働を価値・規範として真に重視するようになるだろう。この過程については次節以降で詳説する。

図表：3.1　行政の類型とめいわく施設立地への対応─1政策への市民参加度

行政の類型	めいわく施設立地における対応
DAD（押し付け型）	行政内部で立地場所を決定する。 公表まで情報管理して秘密裏に立案を進める。 立地地区住民に決定事項を伝達したあと、住民の意見は聞かない。 住民が裁判などの対抗手段に出ると、対決姿勢を示す。測量や工事への住民の妨害行動は権力的に排除する。 対外的には行政の判断の妥当性を主張し続ける。
↑ （補償） （市民参加制度） ↓	↑ （補償的に、地元に利便施設を提供） （住民・市民の意見聴取制度導入） （住民参加で用地選定） ↓
住民意思優先型	常日ごろから意見との市民との情報・意見交換に努め、めいわく施設建設検討時点では市民はその必要性をすでに認知している。

② ステークホルダーの巻き込みからみた行政類型

いま述べた行政類型は、市民が政策形成に参加・関与できる程度によるタイプ分けである。この場合の市民とはステークホルダーとしての住民を含む。しかし、多様な政策を視野に入れるとステークホルダーは市民に限らない。そこで今度は、先の類型を拡張して、市民に限定せずステークホルダー全般の巻き込み度合いによる行政類型を考えてみることにしよう。総合的廃棄物政策を例としてこの類型について考察していくと、実に重要な洞察の光が見えてくる。ひとことでいえば、行政による政策推進のあり様のまっとうさが重要である、ということが明らかになる。

まずは、ステークホルダーの巻き込みの度合いよる行政の類型と廃棄物対策における政策の差異について示した図表：3.2をご覧いただきたい。

[廃棄物政策の例から考える]

植田和弘[130]は、前世紀末の廃棄物処理の状況を分析し、廃棄物問題の原因は「分断型社会」にあることを明らかにした。

図表：3.2　行政の類型とめいわく施設立地への対応
―2ステークホルダーの巻き込み度；廃棄物政策の例

行政の類型	ステークホルダーの巻き込み
行政主体による事業推進	廃棄物処理を行政が一手に実施する。
行政外の参加も求める事業推進	市民に資源の分別を求め、分別収集に取り組む。
ステークホルダーの巻き込みによる政策目的達成	ごみのリユースを市民に求める。 ごみのリデュースを市民に求める。 製品を製造や販売する事業者に対し、ごみとなった段階における適正処理困難・有害物質発生製品のデザインや素材変更、ごみになりにくい製品づくり、リサイクルしやすい製品づくりなど、ごみになる前の上流対策を働きかける。

廃棄物は、製品が生産され、販売され、消費者がそれを購入して使用した後の段階で廃棄物となる。植田が分析した当時までの一般廃棄物（ごみ）政策の主流は、家庭を中心に排出されたごみを、市町村政府担当部局（以下、ここでは「市町村」という）が収集し、焼却施設で焼却して、燃え残った灰を埋立処分場で処分する、というものであった。戦後しばらく、ごみといえばほとんど生ごみであった。やがてプラスチック、ベッド・家具から家電製品に至るまで種々の大型消費財、水銀を含む（当時）乾電池、紙おむつ等々様々な製品（適正処理困難物と呼ばれた）が製造、販売され、市町村はその収集と安全な処理に頭を悩ませることになった。また、高度成長期、バブル景気の期間など、ごみが急増する時期があって、これも市町村のごみ処理体制を窮地に陥れた。市町村は、ごみ質の多様化に対応すべく、焼却炉に炉よりも大きな公害防止装置を取り付け、汚染物質が漏れ出ないよう埋立地底部をビニールシートで覆ったりコンクリートで固めた。ごみ増量に対処するため焼却施設を次々と建て、谷や海をごみで埋めていった。

第１章の事例のようなごみ処理施設立地反対運動が起こった根本的原因もここにあった。

ごみ問題のステークホルダーは行政のみではなく、製造、販売事業者と、消費者である市民も、それぞれ重要なアクターであるのに、これらのステークホルダーが分断され、ひとり市町村がごみの処理に汲々としている、こう植田は分析した。そしてこのような社会を「分断型社会」と呼んだのである。

やがて日本では、ごみを焼やしたり埋めたりして処理するだけでは立ちいかなくなって、ごみをリサイクルするという方向を選ぶようになった。分別収集には市民によるごみ分別排出が必要である。そこで市町村は、市民をステークホルダーとして認識して市民に働きかけるようになった[131]。

さらに、市町村の処理システムに流れ込んでくるごみを元から断たないと根本的解決につながらないことから、リユース、リデュースにも取り組むようになった。リデュースやリユースは、市民の購買行動の変更と、事業者によるもののつくり方・売り方の変更が、主軸となる。適正処理困難物の対策も、やはり事業者の主体的な取り組み（製品仕様の変更）が求められる。ここに至って事業者がステークホルダーとして大きくクローズアップされることとなった。市町村同士共同して事業者に対処を申し入れ、国に対しても規制を要請した。

このように市町村が獅子奮迅し、国も腰を上げた。1990年代から2000年にかけて、事業者にまで規制の網を広げるいくつかの廃棄物対策関係法令が整備され、それまでの焼却・埋立中心の廃棄物政策から減量リサイクルを優先する国家政策に転換が図られた。

これらにより「分断型社会」は改善の方向に向かい今日に至っている。

[市民と協働する行政]

ここで一般化すると、行政のあり様は、政策単独企画施行型と市民参加型がある。そして第５章冒頭でも触れるように後者が評価される。

では行政は市民の意見を尊重しつつことを運べばそれで事足りるのだろうか。そうとも言えないことを今の廃棄物政策の例は示している。政策対象事象はステークホルダーすべてがかかわって生じている。したがって、そのような事象に対処するためには、政策立案・履行にあたりそれらのステークホルダーが各々情報を共有し意思形成に参加して取り組む方が効果的である。

そして、そうみなせる政策分野例は廃棄物対策以外にも多々あるだろう[132]。

いまの廃棄物政策の例を一般化すれば、行政は、独断専行ではいけないけれども、市民や国民の意見に広く窓口を開いてその場の雰囲気で形成された合意に基づいて政策を進めているだけでは不足である。行政には、社会全体を視野に入れて社会的問題の原因や対策を的確に分析し、関係する潜在ステークホルダーをも巻き込み協働して解決のための政策を推進するという積極性も、また求められるのである。これこそパットナムいうところのパーフォーマンスの高い行政である。「受け身の市民参加」のレベルの次にある、市民等各ステークホルダーとの協働を目指す行政の姿がここにある。

③ 市民・住民の類型と行政の類型との関係

第2章で、市民・住民コミュニティを、「機能しないコミュニティ」「意志決定できるコミュニティ」「共同行動するコミュニティ」の3つのパターンに分けた。ここではさらに一般化して、「意志決定・行動できない市民」「意志決定できる市民」「行動する市民」と表現する。

一方、行政は、「押し付け型行政」「住民意思優先型行政」「協働型行政」の3つの類型に分類しよう。

これをマトリックスにしたのが図表：3.3である。

図表：3.3　市民類型と行政類型

	意志決定・行動できない市民	意志決定できる市民	行動する市民
押し付け型行政	A		
住民意思優先型行政		B	
協働型行政			C

この図表を見ると、3つの市民のタイプと3つの行政のタイプがあるから、市民の特質と国の行政機関の特質との組み合わせは9つになる。しかし、直感的に、市民が「意志決定・行動できない市民」である時、行政は積極的に市民に協働を呼びかけることはなく、行政が政策を決める「押し付け型行政」でありそうである（Aの組み合わせ）。同様に、Bの組み合わせ、Cの組み合わせが、それぞれもっともらしく感じられるだろう。

このような相関関係はなぜ生じるのだろうか。節を改めて分析を試みる。

5. 市民との関係がもたらす行政の変容

5.1. 市民への応答としての行政の変容

図表：3.3 は、市民に応答して、行政が変容することを示している、これがここでの結論である。

企画された政策は、履行されなければならない。さらに、そのパーフォーマンスは、可能な限り高くなければならない。これは、行政組織、官僚制にとって、いつの時代にあっても真理である。そして、政策は、市民を対象として企画・実施されるので、政策の実現可能性やパーフォーマンスは、市民と行政の関係のありように大きく影響されることになる。

押し付け型行政（DAD）に市民が従っているとき、行政はあえて市民の意見を聞く手間をかける必要を感じないだろう。そのような発想は全く頭に思いのぼり来ないこともあろう。あるいは、市民の意見を聞いても、反応がないかも知れない。面倒くさがられて、勝手にやってくれと顔をそむけられるかも知れない。また、市民に何らかの被害が及んでも、それがお上のやり方だ、と市民は感じて、黙認するかも知れない。そんな時、市民を相手にして手間暇をかけることは、時間とコストの無駄である。行政はそう感じるだろう。

しかし、市民が政策に対して反対の声をあげ頻繁に運動を展開するようになると、状況が変わってくる。これに対応しないと、政策が履行できなくなる、あるいは政策パーフォーマンスの水準が低下する。

図表：3.3 の市民と行政パターンの組み合わせにおいて A、B、C がそれぞれもっともらしく感じられるその理由は、これらの組み合わせが、政策パーフォーマンス・レベルが高くなる組み合わせとして解釈できるからである。

市民の参画が最も効果的な政策推進をもたらすという認識が行政組織に共有されたとき、行政は市民との協働による政策推進を積極的に選び取るようになる。図表：3.2 にみられる「協働型行政」が定着する。

5.2. 市民類型に応答しての行政類型の変化とコスト

行政が、政策パーフォーマンスを維持・向上させるため、市民のありように応答して変容することを、いまみた。3.2 項で確認したように、行政は、少なくとも組織内部の論理の枠内においては、合理的に行動することが基本である。このとき、行政の行動を大きく支配しているものに予算がある。したがって、同じ政策を実施するため、できるだけコストの低い手段を、行政は選択する。ここで、図表：3.3にみられる行政類型の変容に伴う行政コストの変化について触れておきたい。

廃棄物施設の建設を例にとろう。用地を取得し、建物を建設し、焼却炉などのプラントを設置するコストは、直接費用である。この直接費用は、図表:3.3のどの行政類型によろうと同一額である。

行政コストには、このほかに、取引費用がある。これは経済学では教科書にも登場する一般的な概念で、ステークホルダー間の意見交換、交渉、紛争処理などの費用を指す[133]。この取引費用の中身が、行政の類型によって大きく異なることになる。

「押し付け型行政」においては、取引費用はほぼゼロであった。ステークホルダーである住民・市民との調整が無用であったからである。

ところが、住民の抵抗が激しくなると、それに対応するための取引費用が発生する。これをコンフリクト費用（the cost of conflict）[134]と呼ぶ。一般的にコンフリクト費用とは、裁判費用や時によっては武力行使にかかる費用などの支出費目のほか、市民生活や市場経済への負荷と機会費用、文化とその交流に及ぼす影響、自然環境への負荷など広範囲な間接コスト（そして時にはベネフィット）を含む概念である。

さらに、「住民意思優先型行政」に行政が変遷していくと、市民参加費用とでも呼びうる新たな取引費用が生じる。情報公開や、パブリックコメント、市民参加委員会などのためのコストがこれである。当面は、この市民参加費用とコンフリクト費用の双方が、取引費用を構成する。

やがて、市民参加が定着して、「協働型行政」のステージに行政が到達するとき、市民の政策形成への市民参画・協働は日常的となる。したがって、取引費用は、市民参加費用がその大部分を占めるようになり、コンフリクト費用は極小化していくことが期待できるだろう。そのような市民と行政の関係のイメージは、終章で描きたい。

なお、住民との裁判に係る経費や、コンフリクト対応人員・組織機構の新配置に伴うコスト増などにより、コンフリクト費用が大きくなるとき、その費用を避けるために、行政は市民参加型に向かい始めるのだろうか。そのような仮説も検討してみた。しかし、わざわざいったん費用に金額換算してから損益を比較衡量し、紛争を避けることを選択するというのは、愚かなことである。非日常的なコンフリクトを引き起こす政策展開に直面すると、そのこと自体が直接に問題であると認識または学習して、コンフリクトを避けるべく政策のかじ取りを変換する、そのような賢明さを、多くの行政組織は有していると考えたい。

6. 行政を変容させるその他の環境—社会規範・価値観の行政への影響

行政の変容は、いま取り上げたような、国民・市民が政府（国・地方）に対して及ぼす作用への直接的な応答によってのみもたらされるのではない。より一般的な社会の常識、規範、価値観の変化に合わせ、行政の制度や法律・条例が変わる。それに伴って行政の行動と文化もやはり変容していく。

政治や行政は、政策イッシューが社会問題化した時には、機敏に反応する。大災害を経験すると、これからの予防のため新たな防災計画が策定され、必要な設備投資がなされる。学校でいじめが大きな事件に発展すると、いじめ防止対策推進法が制定されるに至る。廃棄物の増量が社会イッシュー化すれば、大きな政策アジェンダとなり、いくつものリサイクル法に帰結して、行政は積極的に廃棄物の減量やリサイクルに取り組む。かつて公害問題も同様であった。

とはいえ、いじめは自殺という悲惨な事件が起こる前から教育現場で問題となっていたし、廃棄物は各種リサイクル法が法制化されるずっと以前から増え続けていた。公害問題もしかりで、例えば水俣病の確認から国が対策を講じるまでの期間があまりに長きに失したという評価に見られるとおりである。したがって、社会問題に即しての行政の変容も、具体的な事件に対しては速やかに反応することもあるものの、政策ニーズへの対応としては実は速やかとは言い難い。とりわけ市民間・国民間に意見の対立があってやがてそれが収斂し社会の常識として定着していくたぐいの政策ニーズについては、行政の応答には時間を要する。

このように効果を現すまでにかなり時間を要する場合もあるとはいえ、行政の変容に作用するひとつの要因として、行政を取り巻く外部環境としてのこのよう社会常識の変化や社会規範・価値観の変容があることは、間違いない。

これはまず法制度・行政制度として反映される。社会規範が制度化に至った一例として、先述の市民参加制度がある。国内外の社会規範・価値観の動向が市民参加に価値を置く方向に変化していくと、これに影響されてやがて行政制度も変わっていった。

ただし、このような社会規範・価値観の変容に基づく制度の変更は、内的要因すなわち職員の規範意識・考え方の変化、「しがらみ」の変容に裏打ちされていなければ、しばしば実を伴わないものとなってしまう。例えば、利用されない、かたちだけの市民参加制度がつくられる[135]。制度の変化が新たな「しがらみ」として定着するには、さらにまだ時を必要とするのである。

なお、一般に、地方自治体の制度変更は国に先行することが多い。公害に対する規制、廃棄物に関係する政策、情報公開制度など、その例は枚挙にいとまがない。このように自治体が制度を変更し続ける要因として、地方政府間の政策の相互参照が挙げられる[136]。地方政府（とりわけ都道府県、政令市ほか大都市）は、緊密に政策に関する情報交換を行っている。そして、新しい政策を特定の自治体が導入しその成果が明らかになったとき、あるいは成果は未だ現れていなくてもそのような新規政策が他の自治体にも共有されている緊急の課題（法律による新たな要請も含む）の問題解決に有効であると判断されるとき、その政策はこぞって他の自治体にも導入されるようになる。

以上をまとめると次のように言える。社会の常識、規範、価値観が変化すると、行政は変容していく。そもそも、社会が変われば、行政はそれに適合する方向に変化せざるをえない。インパクトのある事件が起こったときには、多く政治の作用も伴って、変化の動きは突然加速する。ただし、熱しやすいものは冷めやすく、このような短期の変化が常に職員の意識や組織の「しがらみ」の変容をもたらすとは限らない。

7. 行政の変容の引き金

[行政の変容の引き金は誰が引くか]

最後に、このように緩慢な大組織である行政を変容に向かわせるきっかけ、引き金は何か、ここでは地方を例に考えてみたい。

行政の内部やその周辺に位置するアクターのうち、変容のトリガーとなる候補は、職員、首長、議員である。いずれも行政組織内部に深くかかわっている。しかし、いかに影響力の大きな個人であっても、その個人の意思と行動という「上部構造」のみでは、行政の変容を始動させる事は容易ではない。地域において何らか緊急の事態が予測されるとか、行政エリア外部の国政などから大きな要請が迫り来ているというように、「下部構造」が熟している必要がある。逆に言えば、客観的に確認しうる政策ニーズが存在するときには、「上部構造」がしっかりアクションを起こせば、行政組織という山が動くことが期待できる。この新たな政策ニーズの予兆を最初に察知できるのは、行政職員である場合が多い。もっとも、政策の実現がいつでも「しがらみ」・組織文化の変容にまでつながるとは必ずしも言えない。

[市民の変容の引き金を行政が引くこともある]

なお、市民が変容する直接のきっかけ、引き金として、行政が大きく作用することもあるようである。

杉並清掃工場では、住民の変容の直接の入り口は、裁判所の和解勧告である。だが、より重要な点は、その後、清掃工場の運営協議会において、行政が一貫して市民との協働の姿勢を貫いたことである。これが住民の大きな変容の場を整えたのである。なお、この例では、行政が、都庁から東京二十三区清掃一部事務組合に交替したことも、大きな要素である。いずれにしても、行政が引き金を引いたと評価できる。

杉並のように行政設置の市民参加型運営協議会が住民の学習と変容をもたらした事例としては、他に、武蔵野クリーンセンター、猪名川上流広域ごみ処理施設組合国崎クリーンセンター（ともに第5章で紹介）がある。ただし、武蔵野の事例では、市民参加委員会設置に向け、市民の側の働きかけもあったようである。

住民は、行政と比較して、さまざまなきっかけにより、変容を開始しやすい。その種々のきっかけの中でも、行政の姿勢や行動の変化が住民の変容に及ぼす作用はとても大きい。

ただし、これまで論じたように、行政の姿勢や行動の変化は、長期的な市民の作用によってもたらされるところが大きい。ここで循環論に陥るようにみえる。こう理解すべきだろう。市民に応答して変容していく行政がある。市民のある局面における態度や行動の変化は、このような変容を経験しつつある行政の特定の作用がきっかけとなることがある。そして、ここにも、市民に直接接する行政職員の役割に対する期待があり、また、あたかも歯車のひとつ過ぎないような職員にとってのやりがいもある。

8. 市民が変わり、行政を変える

これまでの分析から、行政も変容していく、と結論できる。

この行政の変容のうち、重要なものは、まず、市民のあり様に直接影響されての変容である。

これとは別に、社会の常識、規範、価値観に合わせて行政が変容することも確認できた。このタイプの変容についても、新たな知識の導入がいつでも直ちに行政を変えると期待してはならない。例えば、社会の風潮に促され、何らかの市民参加の制度が導入されたとしよう。その制度が、かたちだけの制度導入にとどまらず、組織・公務員の常識、規範、価値観、「しがらみ」が市民参加志向へと変容するためには、なおしばらく時間を要するものである。

ところで、何がこのような社会の常識、規範、価値観の変容をもたらすのだろうか。その大きな作用因は、市民文化だろう。そうだとすれば、結局のところ、市民の変容・成熟が、行政のあり様を決めていく、ということになる。市民が変われば、行政は変わる。

前章とこの章で、市民と行政がそれぞれ変容すること、そして両者が協働して公共的取り組みを進めることが期待できることを確認した。

だがその前提として、例えば市民と行政が協働で廃棄物処理施設を運営するにあたっても、双方は対等のパートナーでなければならない。しかし、市民とそのコミュニティは、図表：2.1 の自治度の最も高いレベルにあって、はじめて行政と対等に渡り合える可能性が出てくる。その他のコミュニティは、行政と肩を並べて向かい合うことが難しいかも知れない。つまり、行政と市民・コミュニティの間には力量の差異がある。また、図表 2.1 は、それぞれの市民・コミュニティの間にさまざまな差異があることをも示している。

市民と行政が協働する地域や社会を築き上げるには、まず、このような格差に対処する必要がある。第Ⅱ編では、格差問題を取り上げる。

［注釈］

107 住民の変容を記す文献の例として、池上惇（2020）『学習社会の創造―働きつつ学び貧困を克服する経済を』、京都大学学術出版会、同（2017）『文化資本論入門』、京都大学学術出版会、遠野みらい創りカレッジ編著（2015）『地域社会の未来をひらく　遠野・京都二都をつなぐ物語』、水曜社

108 学習を重ねての変容ではなく、首長が代わるなどの政治的要因、天災・事故・職員不祥事等偶発的インパクトによる短期的な政策の方向転換はある。例えば、新技術による廃棄物固形燃料化施設建設計画への反対運動がある時、他の自治体で同形式の固形燃料化施設での爆発事故が複数回発生すると、住民の反対行動の動向いかんにかかわらず行政側は自発的に計画を中止することがある。

109 なお、注 135 も参照。

110 真渕勝（2009）『行政学』有斐閣、p.548。傍点は引用者。
111 同書、pp.497-499
112 以上ここまで、同書；
日本の官僚の政治機能につき、飯尾潤（1995）「政治的官僚と行政的政治家―現代日本の政官融合体―」、日本政治学会編、現代日本政官関係の形成過程（年報政治学 1995）、岩波書店、pp.135-149）も参照。
113 飯尾潤（2007）『日本の統治構造　官僚内閣制から議院内閣制へ』、中央公論新社
114 柳至（2018）『不利益分配の政治学―地方自治体における政策廃止』、有斐閣
115 北山俊哉（2011）『福祉国家の制度発展と地方自治―国民健康保険の政治学』、有斐閣
116 曽我謙吾・待鳥聡（2007）『日本の地方政治　二元代表制政府の政策選択』、名古屋大学出版会
117 筆者は「しがらみ」の存在が悪いと言っているのではない。市民が職員に何かを提案するとき、その職員個人の選好で意見が述べられ、のちに組織としてまったく正反対の見解が示されるようでは、市民は困る。職員には組織の一員として「しがらみ」に基づき市民提案の実現可能性などを判断しつつ応対してもらわなければいけないだろう。なお、第１章の事例の、行政の素人である美濃部都知事の住民へのアドリブ的発言と住民の一喜一憂を参照。
118 新入職員が行政組織に入ると、オン・ザ・ジョブ・トレーニングで「慣行」を身に付ける。一方、先輩がことばにして「発想枠」をいちいち説いて聞かせることは少ない。職員は「発想枠」に基づいて「慣行」を実践するようになるというよりも、日々の「慣行」の実践と職場の空気･雰囲気への暴露により、やがて「発想枠」を「常識」として定着させていく。
119 むしろ住民の中に意識がすぐに切り替わらない人々もいて、「汗もかいてない市長や監督職員が余計なことを言うな」と受取拒否にクレームが呈されることもある。
120 Merton, Robert K. (1957). *Social Theory and Social Structure*, Revised and Enlarged Edition. New York: The Free Press.（森東吾・森好夫・金沢実・中島竜太郎訳（1961）『社会理論と社会構造』、みすず書房）
121 *ibid*, 訳 p.183
122 Wildavsky, Aaron (1964). *The Politics of the Budgetary Process*. Boston: Little Brown.（小島昭訳（1972）『予算編成の政治学』、勁草書房）
123 ただし、ウィルダフスキーや彼に先行するリンドブロム（Lindblom, Charles E. (1959). The Science of “Muddling Through”. *Public Administration Review*, 19(2), 79-88.）は、全体を見渡して社会ニーズを評価し科学的に費用便益分析を行って予算を編成したり政策選択を行うことは限られた行政資源・個人能力と社会に渦巻く多様な価値という環境のもと事実上困難であるとして、この本文のような過程を多元主義的に個別利害が競い合って予算が編成される政策形成とみなし、これに好意的である。
124 Buchanan, James M, Musgrave, Richard A. (1999). *Public Finance and Public Choice: Two Contrasting Visions of the State*. Cambridge, Mass.: The MIT Press.（関山登・横山彰監訳（2003）『財政学と公共選択　国家の役割をめぐる大激論』、勁草書房）

Buchanan, James M., Tullock, Gordon (1962). *The Calculus of Logical Foundations of Constitutional Democracy*. Ann Arbor: University of Michigan Press. ((1999). Indianapolis: Liberty Fund.)

125 Putnam, Robert D. (1993). *Making Democracy Work: Civic Traditions in Modern Italy*. Princeton, N.J.: Princeton University Press.（河田潤一訳（2001）『哲学する民主主義：伝統と改革の市民的構造』、NTT 出版）

126 原文は social capital。住民・市民が協力し合うネットワークがあって地域活動を協同で取り組む力。地縁ネットワークを指すときにも、広域的なネットワークを意味するものとしても使われる概念である。

127 Kunreuther, Howard, Fitzgerald, Kevin and Aarts, Thomas D. (1993). Siting Noxious Facilities: A Test of the Facility Siting Credo. *Risk Analysis*. 13(3), 301-318., p.302

128 住民の認識する被害であって行政側が被害を及ぼすと認定しているとは限らない。

129 濱真理（2012）「都市の一般廃棄物政策形成過程における市民参加」、公共政策研究、（12）155-166

130 植田和弘（1992）『廃棄物とリサイクルの経済学　大量廃棄社会は変えられるか』、有斐閣

131 濱、前掲論文

132 第 4 章のハイエクの主張参照。

133 企業や経営の取引費用にかかわって
Coase, R. H. (1937). The Nature of the Firm. *Economica*, New Series. 4(16), 386-405.
浅沼萬理著・菊谷達也編（1997）『日本の企業組織　革新的適応のメカニズム長期取引関係の構造と機能』、東洋経済新報社

134 Cranna, Michael ed., Eavis, Paul Project Director (1994). *The True Cost of Conflict*. London: Earthscan Publications. は、本文ような間接的な費用も含めて国内外の内紛や抗争（戦争を含む）のコンフリクト費用をいくつかの具体的事例において試算した最初期の研究である。

135 真淵（真淵勝（2006）「官僚制の変容―萎縮する官僚」（村松岐夫・久米郁男『日本政治　変動の 30 年』東洋経済新報社、pp.137-158））によれば、国の官僚の意識は市民参加をポジティブに評価する方向に大きく変容してきた。すなわち、「しがらみ」も確かに変容する。

136 伊藤修一郎（2002）『自治体政策過程の動態：政策イノベーションと波及』、慶應義塾大学出版会

第Ⅱ編

市民に関わる格差と葛藤

廃棄物処理施設の建設をめぐる住民と行政の対立の事例を子細に確認すると、「格差」という問題が浮かび上がる。まず気づくのは、行政と住民との格差である。住民は、行政という巨像に立ち向かう蟻のように映る。

さらに、住民同士、市民の間にも格差があることもわかる。自治力のある住民・地域も多いが、一方、貧困にあえぎ社会参加から縁遠い人々とその居住地域もある。

第Ⅱ編では、廃棄物処理施設の建設の事例が教えてくれる政策やまちづくりにかかる課題を、格差の視点から切り込んで分析する。

第４章では、市民と行政との間にある格差について詳しくみていく。これは構造的な格差と言える。権力としての行政はそもそも強い。しかしその格差は克服できる。

第５章は、そのような強い行政が廃棄物処理施設を建設する際の、住民の政策参加のあり方を取り上げる。

第６章は、市民同士の格差に焦点を当てる。社会的弱者の住む地域に廃棄物処理施設が押し付けられる事例から考える。

第4章

市民と行政の格差と行政の強大さ

第1章のふたつの事例を見ると、行政と地域住民との間には、圧倒的な力の差異がある。行政は統治権力の執行機関であるから、これが一般的に見られる格差であることは、子細に確認するまでもなく明らかである[137]。

しかし、日本のように民主制の統治システムを採る社会では、国民が主権者である。地域住民は主権者であり、本来行政の上に立つ。だから、強いお上に住民が当然に負けてしまう、ということは、原理的にあってはならないはずである。

このような前提に立ち、どのようにすれば、住民・市民は行政と対等に議論し交渉できるのか、そして、政策や公共的計画に関する合意が形成されうるのかを、この章で考える。行政・市民間格差の解決策として、ここでは、第一に、行政と市民の情報格差の解消を考える。第二に、行政裁量の統制を取り上げる。

I 市民と行政の情報の非対称性の解消

1. 市民と行政の情報の非対称性

自由主義の旗手として知られるハイエクは、市民生活にかかる様々な決定が官僚により集権的になされるとき、個人の自由は圧殺される、と警鐘を鳴らした[138]。さらに、社会における問題の最終的決定は、その問題が発生している「時と場所」にかかわってなされるものである以上、その「時と場所」に関係する人たちが決定の主体でなければならないと考えた。決定を下すためには知識・情報が重要であるから、関係する個々の人々が知識・情報を保有している必要がある。したがって、政府組織に知識・情報が集中する社会は問題である。ハイエクはこう指摘した。[139] ハイエクの見解については節を改めて論じよう。

足立忠夫[140]は、「行政する側」が圧倒的な知識・情報を有して法の解釈を行う、それに対して「行政される側」である市民も正確かつ十分な情報を有して市民の立場で法の解釈を行わなければならない、と考えた。そのためには、「行政情報提供業」という第三者が必要であると主張した。足立は、さしあたり弁護士・税理士・司法書士・行政書士・公証人・公認会計士・弁理士などがこの行政情報提供業の担い手となろうと述べた。そしてこれらをなりわいとする人々が政治的弱者である市民の利益を十分代弁しえていない現状に不満を呈しつつ、行政と市民の間に情報、解釈、力関係の格差があるこの社会において、「行政情報提供業」がさらに一歩進んで「市民対行政関係調整業」になることを理想として唱導した。

このように、ハイエクや足立は行政と市民との情報の非対称性を問題にしている。私たちの事例では、廃棄物処理施設の立地・建設を企図する市町村政府と候補用地近隣住民との間には、明らかに情報の非対称性がある。

この非対称性を解消するには、計画の当初の段階から住民が参加して、開発や施設建設の必要性の評価、対象サイトの選定、開発や施設の内容・仕様の検討などを進めることが一方策である。

しかし、多くの事例では、初期段階において開発者や行政がまず大なり小なりプランを策定するので、ステークホルダーである住民が参加する時点においては情報の非対称性はすでに存在する状況となっている。仮に幸い計画当初のまだ白紙の段階から住民が参加することになる場合でさえ、住民が最初から問題意識を抱いており基礎的「常識」を具有していることが、前提として必要であろう。

こう考えると、行政と地域住民・市民との間の情報の非対称性は、極めて広範、一般的に見られる現象とみなして差し支えない。情報の非対称性を問題とするハイエクの見解は、行政側が官僚組織を通じて公共的情報を独占し、住民の得る情報を操作しうる状況を想定するならば、妥当であり、それゆえ第三者の介在が必要であるとする足立の指摘は問題の所在、核心を衝く主張である。

したがって、足立の説く「市民対行政関係調整業」はその活躍が望まれる。このような第三者については、第7章で詳しく検討する。[141]

2. 情報の流通・共有の重要性

2.1. ハイエクが明らかにする情報の社会的共有の重要性

[公共政策形成における情報共有の重要性]

公共政策についての合意の形成のプロセスにおいて不可欠な要素は情報である。理性的な合意形成に至るには、各ステークホルダーが必要かつ十分に関連情報にアクセスできなければならない。

情報へのアクセスは市民の学習による変容の基本条件でもある。

ここでは、ハイエクの情報・知識論に拠りながら、社会における情報のあり方をまとめる[142]。

市場では、価格という情報に基づいて、各アクターが、生産・販売・購入する財やサービスの種類や量を決定していく。価格情報を通じて社会における需要行動や供給行動として発現する個々人の抱く計画が達成されるのである。

このメカニズムを情報の伝達と社会に求められる政策・事業の実現にあてはめると、次のようなプロセスとして敷衍できる。すなわち、社会に分散する情報シグナルが流通して必要なアクターにアクセス可能となるとき、やがて集合的に関係政策・公的事業についての合意が形成されて政策の履行に至る、そのような過程である。これがハイエクの描く情報・知識の社会における利用のされ方と公共的計画が実現される仕組みのイメージである。

[なぜ分散的政策形成の方が望ましいか]

社会の計画を形成・構成する個々人の計画は、変容するものである。なぜなら、各人の当初の計画が前提とする出来事の予想が他の個人のそれと整合するとは限らず、多くの人々が想定する計画同士が偶然にも矛盾なく均衡するという保証はない（その可能性の方が低い）からである。このため一部の人々にとって自己計画を修正する必要が生じるような「「内生的」な攪乱」が避けられない。さらに当初計画の前提となる外部環境における出来事・与件が予期されない展開で変化するという「外生的攪乱」も起こり得る。したがって、社会における様々な計画は、私的な目的をもつものであっても、公共的な性格を帯びるものであっても、関り合うアクターがその計画を変化させ変容させ合って、やがて最適な均衡に向かっていくのである。

このように論じながら、ハイエクは、「各々ほんのわずかの知識しか持ち合わせていない何人かの人間の自発的な相互作用が、…〔略〕…価格と費用とが一致する等々のことが起こる状態をもたらすのか、あるいはこれらすべての個人を結合した知識を持つ誰かによる作為的な命令によってのみ実現されうるような状態をもたらすのか」という問いを立てる[143]。

そして、前者の「知識の分業」[144]こそ計画の効果的達成をもたらすとする。個人が「本来の計画を実行しようとする試みの過程において、諸事実が彼の期待したものと異なっていることを」知るとき、その個人の「知識は、その計画の実行の過程において必然的に再確認される諸点において正確」である必要があり、「修正される諸点については修正される必要がある」[145]。

一方、このような変動する環境において誰かが集権的に計画を立てて命令により実現をしようとするならば、「様々な人々の考え方の中に存在する知識の断片を組み合わせたもの」によって「その結果を意図的に」実現しなければならない[146]。そのためには、(個々人の知識は当人さえ予想のつかぬままに日々変容していくのだから)「指令を発する人の側に実はいかなる個人も持つことができないような知識を必要とするのである。そのような結果をどうして実現できるのか」[147]。

[集権的計画形成の問題点]

ハイエクは、このような考察に先立ってかかわった社会主義計画経済の実行可能性をめぐる経済計算論争において、集権的管理者による膨大な情報の処理の困難さから、計画経済の効率性を論難している[148]。彼の知識・情報論はこの論争の過程でさらに彫琢されたと思われる。

先に引用したものと別の論文で、ハイエクは、「誰が計画を実現するか」と問う[149]。結論はこうである。前節で触れたように、「社会の経済問題が主として、ある時間と場所における特定の状況の変化に対する敏感な適応の問題であるということに我々が合意しうるものとするならば、そのことから当然に、最終的な決定は、これらの状況をよく知っている人々に、関連する諸変化とこれらの諸変化に対応するためにただちに利用し得る資源について直接知っている人々に、任せられなければならない」[150]。「我々が分権化を必要とする理由は、そうすることによってのみ我々は、ある時間と場所における特定の状況について知識が速やかに利用されることを保証できるからである」。しかし、この分権的意思決定者(市民などのステークホルダー)は、「自分の決定を、より大きな経済体制の変化の全体の姿にあわせて行う必要がある」。そこで、このようなステークホルダーに、その必要に応じて、「一層多くの情報を伝達する」必要がある。[151] そして、「人間の知識が不完全であるということは避けられないということであり、その結果知識が絶えず伝達され、獲得される過程が必要であるということである」[152] と結んでいる。

以上のようなハイエクの見解を敷衍するならば、次のようにまとめることできよう。行政に偏在する膨大な情報に基づいて、どれほど緻密に行政が公共計画を策定しても、対象となる時間と場所にかかわるステークホルダー同士の情報交換・共有に基づき望ましく形成される公共計画のクオリティのレベルに達することは難しい。様々な要素が絡み合う公共計画のいわばパレート効率的な達成は、ステークホルダーが知識を共有し知恵を出し合うという分権的プロセスによってこそ、はじめて可能となる。

公共政策やまちづくりにおける合意形成にかかわって述べれば次のように結論できる。ステークホルダーの間に必要かつ十分に情報が流通し、共有されるとき、最も効果的な結果としての合意形成が達成される。[153]

なお、ハイエクの提起するところはさらに深い洞察を拓く。つまり、「分権型社会を徹底すると、市民一人ひとりの情報創造力を充実させるところに行き着く」[154]。

2.2. 市民と行政の情報の非対称性

① 市民と行政の情報の非対称性

以上のハイエクの理論を踏まえるならば、公共政策にかかる情報が広く市民に共有される必要がある。しかし、少なくとも日本において、中央・地方政府と市民との間の情報の非対称性は大きかったといえよう。「由（依）らしむらしむべし、知らしむべからず」ということわざ[155] も知られていた。欧米で先行していた情報公開の制度を日本で初めて導入したのは福島県金山町で、1982年3月（条例公布）のことであった。行政機関の保有する情報の公開に関する法律を国として定め公布するのは、これに遅れること17年、1999年5月である。その後も行政はますます専門化多様化しており、圧倒的な情報が日々行政に蓄積されている。

とはいえ一方で、技術的にも制度的にも情報に市民がアクセスできる仕組みも充実してきた。市民にとってこのような情報の理解とその活用による意思形成のため学習が不可欠となっている。

② 市民による情報の活用力量

データサイエンスの進展などにより技術的にも情報の公開・共有・アクセス・処理が容易となり、世界の先進諸国で政府関係情報が大量に公開されている。しかし、地方自治の公共政策について考えてみても、行政情報公開の進展がただちに市民の政策をめぐる議論を誘発すると言えるものではない。

前提として、地域で自発的に公共政策を企画して実行できる地方自治、地方分権の制度の充実が重要であろう。そのような環境下になければ住民が主体的積極的に地方自治に参画することは期待しがたいだろう。そして、市民が主体的に公共的課題に関与しあるいはその解決に向け参加・行動しようとするとき、情報は初めて市民にとって意味を持つものとなる。[156]

例えば連邦制を採るドイツをみると、公共情報の蓄積・利用は市民による公共的活動に反映されている。そこでは地方の独立性・分権性が強く、公共的活動を（NPO［ドイツでは「フェライン」］が媒介するなどして）市民も担い、また行政職員が市民の非行政公共活動にも参加するような、市民と行政の融合を伴う公共的文化が形成されている。[157]

ドイツにおいては市民が情報を活用して公共的活動に取り組む地方自治の現状がある。このような前提条件を考慮することなく、公共情報の整備・提供がなされさえすれば自ずと市民が積極的に情報を入手するようになって日本における市民の情報活用が容易に普及拡大し、さらにはドイツ同様市民の公共的活動の活発化につながっていく、と期待するのは楽観的に過ぎるだろう。

しかし、私たちの廃棄物処理施設立地をめぐっての市民の情報活用と公共的議論への参加の事例（杉並清掃工場、次章で取り上げる武蔵野クリーンセンターと国崎クリーンセンター）は、日本における客観的科学的情報を利用しての市民参加に基づく公共政策形成の広がりの可能性を示唆するものと言える。というのも、市民が公共的課題を自らの利害として捉える機会は、とりわけ地方自治の現場においてはこれまでに示した事例（廃棄物処理施設・嫌悪施設）以外の政策対象例においても多々あろうからである。それらに関わる経験は、情報の活用、ひいては地域活動や政策形成への参加に市民を向かわせうる。そうした身近な地方自治レベルでの政策議論への市民の参加の経験の積み重ねは、国政レベルの市民の政策参加の力の向上にもつながっていくと考えられる。

II 権力としての行政の統制

3. 権力としての行政の統制はどうあるべきか

これ以降論じることを要約すれば、「権力としての行政」は、コントロールされなければならない、ということになる。これが行政法の通説である。ここでは、行政裁量の統制についての研究を参照しての記述が中心となる。関心が薄い読者は、次節以下は飛ばしていただいてよい。

以上のように行政活動の抑制が求められる一方、第6章で取り上げる社会的弱者へのケアには、行政の積極的役割が要請される。これに関する有力な学説も、ここで紹介する。

4. 権力としての行政の統制

4.1. 公務員の裁量は統制されるべきである

従来の行政法の学説において通説であった、行政行為を（自由）裁量行為と羈束行為に二分する方法は、行政判断が複雑化する現実の中で、有効な区分とみなされなくなってきた。現代社会は技術や経済取引など様々な面で専門化、高度化、多様化が進んできている。このため、法律の中で処分の判断基準を詳細に規定することが困難となり、行政現場の裁量に委ねる部分が大きくなっている。これに伴い、国民の権利や自由が損なわれる蓋然性が高まる状況にあって、どのようにして行政行為をコントロールするかは行政法学の大きな課題のひとつとされている。[158]

このような現状において、宮田三郎[159]は戦前の憲法学者美濃部達吉を評価して次のように述べている。美濃部達吉の自由裁量に関する第一原則は、「人民の権利を侵し、これに負担を命じ、又はその自由を制限する処分は、如何なる場合でも自由裁量の行為ではあり得ない」というものである。現在は、判例、学説とも、行政裁量を認めたうえで、対症療法的な裁量コントロールの問題として取り扱ったり（判例）、行政裁量の構造とそのコントロールについて論じる傾向にある。しかし学説は、美濃部理論の「背後にある自由主義的な精神を学び、現行憲法の視点に立って、美濃部理論を現代的に再構築すべき課題に直面している」。

一方、山村恒年は、行政組織が「特定の個別法や組織の下位目的に対する一体化行動をする傾向が強い」とし、「憲法上の目的や価値を無視しても、自己の所属する組織の下位目的を優先する」と批判する[160]。行政にアカウンタビリティが求められていることを指摘し、この説明責任の法理につき、1法の支配の発展説、2国民主権、民主主義原理に基づく説、3信託理論に基づく説、4市民参加原則と並ぶ行政法の一般原理説を紹介している[161]。

深澤龍一郎[162]は、オックスフォード大学教授ギャリガン（Denis James Galligan）が *Discretionary Powers: A Legal Study of Official Discretion* で展開した行政裁量論を「イギリスにおける裁量「学説」と呼ぶに相応しい（比較的最近ではおそらく唯一の）ものであるように思われる」[163]と評価する。そしてこれを子細に参照し、行政や司法の裁量のコントロールの論点を明らかにしている。[164]

※ギャリガンの行政裁量論については（深澤の分析とは自由に、ギャリガンの原典にあたり、）節を改めて検討する。

以上の諸論考から明らかなように、公務員の裁量は程度の差こそあれコントロールされるべきである、とする考え方は一般的である、とみなしうる。

4.2. 公務員の裁量を統制するもの―コミュニティの価値観

では、公務員の裁量は何によってコントロールされるのだろうか。

ハーバート・A・サイモンは、行政の意思の形成について分析しながら次のように指摘する[165]。彼によれば、行政の意思決定には、価値判断を含むもの（裁量的決定）と事実の諸要素に基づき決定が下されるもの（非裁量的決定）とがある。前者について彼は次こう述べる。

> 行政機関は、多くの価値判断をしなければならない。しかしこれにあたり、法が明示していること以外は自由に裁量して決めうるというのではなく、行政機関はコミュニティの価値に基づいて判断をしなければならない。また同様の趣旨から次の点も指摘できる。すなわち、価値判断をする役割が行政側（公務員）に委任される場合が、とりわけ対立する争点が含まれていないような問題に関してはしばしばあるだろう。しかし、このようなケースにおいても、関係者が同意しない場合には、行政（公務員）の側に完全な応答・説明の責任が課せられていなければならない。[166]

以上すなわち、サイモンは、公務員の裁量はコミュニティの価値観に基づいてなされるべきである、としている。

4.3. 公務員の裁量を統制するもの―法の支配

憲法学者の阪本昌成は、「法の支配」を思想の系譜から吟味している[167]。

阪本は、近代立憲主義は、民主主義が「多数の専制」に陥らないような国制上の仕掛けを持っている、とする。その仕掛けの中でも「法の支配」が要(かなめ)とされる。阪本によれは、国家は行為主体間の情報授受を自由なさしめることをその任務としており、「法の支配」がこの自由保障にとっての重要な準拠枠である。ここで「法の支配」は実定法(憲法を含む)の外部にあり、「Rule of Law の Law は憲法典の諸規定の寄せ集めではない」[168]。この阪本の考え方を敷衍すれば、国家の統治機構において行政権を有する組織に属する公務員の裁量も、「法の支配」に服することになろう。

阪本は、近代立憲主義に基づく国制の特徴のひとつとして、「官僚団の権限と裁量を最小化せんとする国家である」[169]点を挙げている。そして、英米の議論として「法の支配」の機能のひとつに「公務員を含む人々の行為をコントロールすること」[170]が挙げられていることを紹介している。

コミュニティの価値が公務員の裁量の範囲を規定するとした先のサイモンをはじめ、多くの論者は市民の意思に公務員が従うべきだと主張する。市民の意思は、「法の支配」の Law を構成していると解釈できる。

4.4. 実用的メリットがもたらす行政裁量統制効果

以上のような市民の権利から行政裁量の制限の根拠を説明する規範的視点とは異なったアプローチを採る研究もある。この研究は、廃棄物処理施設立地のようなコンフリクトを伴いやすい政策の形成過程の事実分析に焦点を当て、行政による権力的行動(の効果)に否定的な結論を導く。

藤井聡は、本書で紹介するいくつかの事例に見られるような、社会的ジレンマ事象を伴いやすい政策を行政が住民に提案するとき、「住民参加や公平性の理論や自由侵害感の緩和といった諸対策は、公正感、とりわけ、手続き的公正感と行政に対する信頼が一定水準確保されている場合においてのみ有効となり得る」[171]、と述べている。逆に言えば、行政が一方的に政策を決定してステークホルダーたる住民に押し付ける行為は、住民の抱く「手続き的公正感と行政に対する信頼」を失わしめ、社会的ジレンマ状況を引き起す、ということになる。

これは、行政にとってのメリット、損得を誘因として、行政の態度・行動を統制する、という議論につながる。住民が市民力とでも呼ぶべき能力を高め、積極的な発言・行動が頻発するようになると、住民に行政不信を募らせるような押し付け型権力行政姿勢は、たとえ補償を伴うアメとムチの対応を採るとしても、円滑な政策達成が難しくする。それゆえ、住民の意向を反映する行政姿勢を示すことが、行政にとって合理的である。こう説く見解である。

4.5. 政策を評価する市民による行政裁量統制―財政学の知見

経済学の一分野である財政学は、予算を、被治者が財政をコントロールする手続きとして位置づける[172]。国民が主権者である国家においては、納税者の意思が予算に反映されなければならない。一方、現在の行政は極めて多岐にわたって公益に資する事業を執行しており、予算の編成も専門的な知識に裏付けされたものである必要がある。「予算過程におけるコーディネーターの専門性が高く、納税者が相互の理解をもってさまざまなレベルの意思決定過程に参加しつつ、個人の自己実現をはかりうる制度の確立」が、予算に関して求められる、とされる[173]。

現代の財政学の理論・思想の確立に大きな貢献をしたマスグレイヴは、予算決定の中核に政治過程があるとして、その著書である財政学の教科書の中で、直接民主主義、投票、代議制民主主義、政党・利益集団や階級、官僚制などについて子細に論じている[174]。マスグレイヴは、官僚による予算編成を前提としたうえで、すなわち、公務員に一定の信頼を置きその専門性に期待したうえで、主として間接民主主義における予算手続きの政治過程を通じて公務員の裁量のチェックが為されればよいと考えた。

これに対して、公共選択論と呼ばれるある種の直接民主主義的公共意思決定を主張したのが、第３章で取り上げたブキャナンである。彼の考え方のベースには、理論分析を通じて抱くに至った政治や官僚のシステムへの不信がある。彼は、多数決代議制国家・統治体による効率的資源配分能力やコスト管理・削減能力への強い疑念を抱いていた。そこで、自らに便益と負担が及ぶ公共政策につき、官僚機構と一体となった代議制間接民主主義のシステムによらず、投票などにより住民が直接共同選択すべきであると主張した。[175]

以上のように、財政学は、論者により主張の強弱はあるものの、国家や地方政府の支出や徴税に関し、予算というシステムを通じて、国家や官僚の行為を民主的に統制することを重視している。

ところで、財政学は、予算過程に参加する市民が予算内容について具体的に議論できるための配慮やツールについても意を用いている。予算を運営するにあたっては原則がある。その中には、明瞭制の原則、公開性の原則など、議会や市民による予算過程への参画と内容の吟味の確保・保証するためのものがいくつかある[176]。また、予算に盛り込む個々の事業や事項の選択や評価に当たっても、客観的な議論・判断を可能とするようなツールが検討されてきた。例えば、具体的な事業の評価につき、その費用と得られる公益について数値化して示して考量できるようにする費用便益分析がそれにあたる[177]。

単に公務員の裁量を直接統制するだけでなく、公共政策について市民が議論し判断すること、できることが大衆民主主義の現代において重要な要請であるという認識、すなわち市民の側の政策評価の能力を高めることへの志向が、財政学にはあると考えられる。

この市民の評価能力の向上は、結果として行政の恣意的な裁量の統制にもつながるのである。

4.6. 公務員の裁量を統制する規範・倫理

[公務員の裁量統制に関する３つのアプローチ]

ここまで明らかにしたように、公務員の自由裁量をコントロールすべき論拠を示す先行研究は、規範論に根拠を求めるもの（「公務員は勝手に決めるべきではない」）と、行政処分の実質的な効果面から公務員の自由裁量が制限されることを有効とする実践論を根拠とするもの（「公務員が勝手に決めても結局抵抗に遭ってうまく事が運ばない」：メリット論）、さらには、市民の政策評価・形成能力を高めて行政裁量の弊害を軽減させようという見解に大別できる。

ここまでに確認した先行研究のうち、思想の系譜から説き起こす研究は、規範論である。憲法論から行政法を論じるやり方も、憲法を裏打ちする立憲民主主義の規範が重要な位置づけを持っているという意味で、規範性の強い議論と言えよう。

一方、メリット論は、規範を論じない。これを行政統制論の視点から評価すると､いわば政策達成効果というインセンティブを公務員の眼前にぶら下げて、行政裁量を統制することを意味する。すでにみたように、これは一定の効果をもたらす。企ての実現可能性が高く、伴うコストの低い手段を選ぶことは、組織にとっても個人にとっても合理的であって、環境が整えば市民とのコンフリクトを避け民主的に事を運ぶ方向に行動が誘導されることになる。

行政活動の現場では、メリット論の観点から、すなわち、市民とのトラブルを避けて公務員の仕事がスムースに進むように、市民参加の制度が活用されることも多いと考えられる。しかしこの場合、形式的な市民参加制度の運用に陥り、市民の権利の保障が形骸化する恐れがある。

[公務員の規範の重要性]

このような弊害を避けるためには、公務員のマインドを変えることによってビヘイビアをコントロールするという規範的アプローチも重要である。メリット論のみでは、社会的ジレンマの状況下において、未だ住民が政治的に弱い立場にある（＝住民の意向をくみ取らなくても政策を容易に達成できる）とみて取ると住民の主張を無視して政策を強行しようとする公務員の行為を、統制しえない。

公務員自身が抱く職業倫理観の形成にあたって、市民の意識や行動は大きな要素である。第3章で論じたように、市民の意識と行動、行政に向けたアクションのあり様や行政行為に対するレスポンスの変化が、公務員の行動を変える。時にメリットやコストのみを動機として行政の外面行動が変化したとしても、変容を遂げた市民との持続的な接触は、やがて公務員の規範観念や倫理観、さらに行政組織の共通規範[178]を変容させていく。例えば、ある社会における市民の行政への接し方が、それまで私益追求中心であったものから公益重視に変化していくと、その社会に属する公務員の応答が、そしてやがては公務員としての職業倫理観も、変容すると想定される[179]。

また、行政内部の意識改革の取り組みも求められる。公務員倫理を高める研修、市民・住民との協働の経験（On the Job Training）が例となる。法律、制度化・規程化により外から枠をはめ、公務員の常識や行政組織の共有規範の変革を図ることも求められる。例えば、適切な情報公開、行政手続制度は、公務員の市民重視感覚の醸成につながろう。そしてそのような制度は、行政を取り巻く社会常識、規範、価値観の変化がもたらすものであろうことをすでに述べた[180]。

5. 行政は統制すればよしとする見解への疑義

この節は、「権力としての行政」の考察と、次章で取り扱う「弱者を支える行政」の考察のブリッジとなる。まず、ハイエクに沿って、行政の活動をできるだけ小さく抑えることを志向する見解を確認する。次いで、ギャリガンの行政裁量論により、行政を統制しながらも弱者を支える福祉国家的役割を期待する論考を詳細に検討する。

5.1. ハイエクの福祉国家批判

この章の最初に紹介したように、ハイエクは、市民生活にかかる様々な決定が国家として官僚により集権的になされるとき、個人の自由は圧殺されていく、と主張し[181]、次のように福祉国家論を批判した。

> 政府が、社会保険および教育のような分野においてなんらかの役割を演じてはならぬとか、あるいは主導権をとってはいけないとか、あるいは一時的にある実験的開発を補助すべきでないとする理由は存在しない。ここでのわれわれの問題は、政府活動目的よりもむしろその方法にあるのである。福祉国家それ自体に対する反対がすべていかに不合理であるかを示すために、政府活動のこれらの控えめで悪意のない目的をひき合いに出すことがよくあるけれども、しかし、政府は一切そのような問題にかかわるべきではないとする硬直的な立場―弁護の余地はあるが、自由とはほとんど関係のない立場―がひとたび放棄されるとした場合に、自由の擁護者が共通して気がつくのは、福祉国家の領域が等しく正当で反対しえないものとして主張される以上のことを含んでしまうことである。[182]

以上は抑制された表現であるものの、ハイエクが同著書で論じる「社会保障」「住宅と都市計画」「農業と天然資源」「教育と研究」などの各論をみると、鮮明に一般的な福祉国家論に反対する論陣を張っている。例えば社会保障の章では、次のように主張する。[183]

> ［ベヴァリッジ報告の福祉国家政策が］欠乏、疾病、無知、不潔、怠惰の征服をほんのわずか早めることができたかもしれないが、インフレーション、能力を麻痺させる課税、強制力をもつ労働組合、ますます増大する政府支配の教育、そして、広大な恣意的権力をもつ社会事業官僚制から、主なる危険がおそってくるとき、将来、それとの闘いにおいてさえ、われわれは事態を一層悪化させるかもしれない―これらの危険から個人は自力で

逃げることができないし、過度に膨張した政府機関の勢いは、その危険をゆるめるよりもむしろ強める傾向にあるのである。[184]

5.2. ギャリガンの論考

このハイエクと異なる国家観に立つのが、行政裁量を研究したギャリガンである。行政裁量統制の必要性を説きつつも、福祉国家を支持する国家観を明確にして、その両立を模索している。ここから、「弱者を支える行政」の要請につながるまなざしが見て取れる。

① ギャリガンの行政裁量統制論

ギャリガンは、市民を主役に据えて公務員の裁量統制のあり方を構成する視点から、行政裁量について丁寧に検討している。

[公務員が従うべき規範]

まず、彼も、先に取り上げたサイモン同様、「権力を委任された公務員はその行為につきコミュニティへの説明責任を負う」[185]と述べている。

また、ギャリガンは、「政治倫理の最も基本的な要求とは、公務員は、裁量権限を行使するときは、合理性、合目的性、道徳性の規範に従うべきであることである」[186]とする。この3つの規範（合理性、合目的性、道徳性）は、「むら気、気まぐれ、場当たり的、儀礼的な意思決定を抑制し」、「意思決定の一般基準をつくるよう促し、公正な手続きの必要性を増大させ、意思決定の過程を行政外の人々がチェックする方向に拡大する」[187]。道徳性については、「個人の権利と利益が理解と尊敬を持って［公務員によって］扱わることが最も基本的な道徳上の原則」[188]だとしている。

合理性、合目的性、道徳性を規範として行為する公務員が、「自らの裁量範囲や行動への制約を決め」、「これにより行為を行うに際し自らを固く自制する」可能性にギャリガンは期待している[189]。自制のための一般基準の公務員自身による作成は、公務員の裁量により行為基準が左右されることを意味する。しかしながら、公務員はケースにより既成の自制基準が適用しがたい時には憲法的規制に遡って行動する。したがってつまるところ、憲法が裁量をコントロールすることが期待できる。かくして、公務員による自制一般基準作成をポジティブに評価しうる、とするのが彼の見方である[190]。

なお、公務員の裁量を規制する政治的価値基準として、ギャリガンは、法的関係の安定性（「法の支配」に関わる考え方）、意思決定の合理性、公正な手続き、およびいくつかの道徳的政治原則（公正 fairness、正義・衡平性など）を挙げている[191]。

[公務員への主体的行政行動の要請]

この節の考察の主題である市民の意思の行政過程への反映にかかる指摘として、ギャリガンは、行政の意思決定過程へのステークホルダーたちによる多元的価値のインプットから政策というアウトプットが決まるという多元主義的政策形成に疑問を投げかけている。すなわち、客観的な公共的利益に関する問題[192]と異なり、個別特殊な利害がからむ場合の問題解決においては、ステークホルダーたちが私益を超えた公益の価値を評価・共有することで合意に至ると期待できない。各ステークホルダーが、それぞれ本来目的にまで立ち戻ることにより、利益に由来するバイアスをお互いが修正するので、やがて合意に達しうる、とする問題解決の見通しの主張に彼は与しない。当初各主体が抱いた目的そのものが相当程度私的利害の影響を受けて成り立っており、ステークホルダーがたとえ本来目的を振り返り議論し合うとしても、利害に基づくコンフリクトは依然として残ってしまう可能性がある、これが彼の主張である[193][194]。

公務員も、自身を行為基準・規範の下に置きながら主体的に行動することなしに、たんに多元的な価値を有する様々なステークホルダーを合意の場に巻き込んでいくだけで、行政が取り扱う課題が自ずと解決に導かれる、というわけにはいかない。ギャリガンの主張にはこのような含意もみてとれる。[195]

[公務員への市民権利保障推進の要請]

国家との関係における市民の権利には、実質的権利と手続き的権利があるとギャリガンはいう。

実質的権利に関し、彼は次のように述べる。第一に、市民は公務員にある行為やサービスの提供を求めたり、ある行為をしないよう要求する権利がある。第二に、「より消極的な意味として、公務員に特定の個人の利益［私益］に反するような行動をさせない権利があると言えるかも知れない」。[196]これもこの章のテーマに深くかかわる指摘である。公務員は施設立地予定地域住民の上述の私益を権利として認識したうえで、住民とのコミュニケーションを開始する必要がある、ということになる。

手続きの問題については、「西洋の伝統において公共的事象の手続きが重視される理由は、それが良い結果をもたらすゆえということだけではなく、公正という考え方が手続の取り扱いの中に含まれているからである」[197]と述べている。

またギャリガンは、公益は私益に優先するという[198]。しかし、私益を主張する市民にも手続きの公正を求める権利があるとする[199]。この意味において市民参加の手続きも評価されている[200]（ギャリガンの市民参加論は後述）。

公正な手続きについて、さらに彼はこう述べる。「決定の結果は特定の個人の実体的利益を損なうことになるかも知れないとしても、そしてある特定の利益が他の特定の利益に比べて優位に置かれる決定が行政裁量によりなされるかも知れないとしても、［そうなってもやむを得ない場合はあるけれども、しかし、］決定においてすべての関連事項が考慮されなければならず、知り得る合理的なすべての決定理由が［不利益者に対しても］示されなければならない」[201]。「ステークホルダーにとり自らのケースが問題として取り上げられ説明を受け弁明する機会が与えられることにより、公務員が決定事項に関し客観的実証的な根拠を明らかにするプレッシャーが課せられるだろうことにこそ、手続きの権利の意味があるのである」[202]。

［市民参加論］

以下、ギャリガンの市民参加論である。

市民参加の効果として、①参加者の個別利益を考慮できる、②ステークホルダーが多くの情報と深い議論を提供できることから彼女ら彼らの参加により望ましい結論に至るという実質的意味、③行政による決定の恣意性の排除、の３点を挙げている[203]。

また、市民の自律、すなわち単に決定に参加する意味のみではなく、市民自らによる自己の尊厳の確保の意味からも、市民参加を評価している[204]。

さらに、民主社会においては自身の利害に影響のある事項の決定について市民は参加の権利を有するとも述べている。

ただし、ギャリガンの市民参加はconsultationも含む広い概念であることに留意されたい[205]。アーンスタイン[206]が名ばかりの参加（tokenism）として位置づけ重視していないconsultationをむしろ彼は高く評価している[207][208]。その根拠は、個人や団体の利益が意思決定過程において表明の機会を得て考慮されるべきだとしたら、その個人等の単位で参加の機会が提供されることがベストであり、そうなると参加対象者が多数に及んでしまい直接一堂に参加することは容易でない場合も多く、したがってconsultationが手法として現実的で有効であるからである[209 210]。

② ギャリガンの福祉国家への視線

さて、以上のように行政裁量の統制を論ずる中で、注目すべきギャリガンの主張の特徴は、公益の優先も、個人の権利の最低限の保障も、福祉国家における規範的原理に基づいていると説明している点である。

ギャリガンは、ハイエクを、公務員の裁量を排除することのみに注目し、裁量の存在を認めたうえでその行使を許される範囲にとどめる手法の検討を行わなかった、として批判している[211]。弱者を守ることが国家の役割であるという彼の福祉国家的発想があらわれているとみてよいだろう。「我々のやるべきタスクは、特定の社会的目的［福祉］を実現するための方法に関し有効であって、しかも「法の支配」に意味を与える徳にもかなうような方法を見つけることである」[212]。福祉・厚生を増進する政策は公務員の自由裁量に委ねられる局面があり、この種の公務員の裁量行為そのものを否定してしまうのではなく、公務員の裁量をコントロールするすべを探ることが重要である、ということをギャリガンは言いたいのであろう。

このように、ギャリガンの行政裁量論は、国家は国民の福祉･厚生を維持･拡大する役割を担うものという、規範論的な認識を理論のベースに置いている。この認識に立つと、公務員に対し不公正ないし衡平性に欠けると評価される社会的事象の改善のための積極的な介入を求めることになるため、その帰結として、公務員の裁量を、積極的に称揚しないとしても少なくとも容認する傾向に傾く。

公務員の行為への制約の必要性とそのあり様を論じながらも、善き公務員の裁量への期待を滲ませるところにギャリガンの行政裁量統制論の体系の特質がある。

6. 弱者を支える行政

以上のようなギャリガンの主張が本書の議論に与える洞察は、つぎの通りである。社会的弱者である市民・住民が、市民的自由と権利を確保できる潜在能力（ケイパビリティ）を高め、自らの福祉を向上させていくことは、大きな社会的課題である。そのためのエンパワーメントやケアの活動の担い手のひとつの大きなアクターとして、行政が位置づけられる。

この章では、行政の、情報を集積して管理し、強者として市民の前に立ち現れる、「権力としての行政」の側面を、まずクローズアップした。しかし一方、以上のように「弱者を支える行政」という立場もまた無視できない。この、行政の位置づけをめぐる二律背反を、どう整理して考えたら良いのか。第6章において、「弱者を支える行政」のありようを検討する中で、その折り合いが自ずと定まってくるだろう。

その上でさらに、一見矛盾する行政に対するこのような要請を両立させるという作用を行政に及ぼす第三者の役割ついて、第7章6で検討する。

最後に、背を向け合ったように見える行政への異なった要請に関し、それらをいわば止揚する考え方を提示しておく。弱者を支える行政活動をも自由への危険な介入であると批判する見解があることは、先にみてきたところである。しかし、弱者を支える行政は、市民的自由を抑制する行政ではない。**市民的自由を保障する**行政であるはずである。市民的自由が公平に配分されていない人々の自由を確保する、すなわち、自由の蹂躙ではなく自由を守護する役割を、ここでの議論における行政は担うのである。行政を一色に塗りつぶしてしまって評価することは、行政実体との乖離をうみ、非生産的である。

[注釈]

137 「差異」と「格差」の違いにつていは、第6章冒頭を参照。

138 Hayek, Friedrich August von (1944). *The Road to Serfdom*, London: George Routledge Press.（西山千秋訳（1992）『従属への道』、春秋社）

139 Hayek, Friedrich August von (1945). The Use of Knowledge in Society. *American Economic Review*, XXXⅢ(4), 519-530.（田中真晴・田中秀夫編訳（1986）『市場・知識・自由―自由主義の思想―』、ミネルヴァ書房、嘉治元郎・嘉治佐代訳（1997）『個人主義と経済秩序』新装版、ハイエク全集3、春秋社）

140 足立忠夫（1990）『市民対行政関係論　市民対行政関係調整業の展望―行政改革を考える・下』、公職研

141 田尾雅夫も、市民参加にかかわって、「第三者機関、あるいはブローカー機関」（p.123）、「媒介組織」（p.126）について論じている（田尾雅夫（2011）『市民参加の行政学』、法律文化社）。

142 以下、Hayek, Friedrich August von (1937). Economics and Knowledge. *Economica*, new series, 4(13), 43-54.（嘉治元郎・嘉治佐代訳（1997）『個人主義と経済秩序』新装版、ハイエク全集3、春秋社）、
Hayek, Friedrich August von (1945). op. cit.

143 Hayek (1937). op. cit., 訳 p.66）
144 同訳、p.66
145 同訳、p.68
146 同訳、p.55
147 同訳、p.70
148 Ebenstein, Alan O. (2003). *Friedrich Hayek: A Biography*. Chicago: University of Chicago Press.（田総恵子訳（2012）『フリードリヒ・ハイエク』、春秋社）
149 Hayek (1945). op. cit., 1997 訳 pp.115-116
150 同訳、p.66
151 以上、同訳、同 p.116
152 同訳、p.124
153 本書の事例が示すように、廃棄物焼却施設立地反対運動を展開した住民たちは、めいわく施設立地問題がきっかけとなって学習を重ねた。そうして公共的マインドを育んでいった。市民が学習するためには情報は不可欠である。市民の学習の進展にとっていま一つ大切な要素は時間である。余暇が学習する余裕をもたらす。情報を分散させ、併せて余暇を増やしていく方向に、世の中が向かっていくならば、市民の学習が活発になって、地域や社会が活性化していく。そのような方向に日本の社会は進んでいるのかも知れない（向かう社会の絵姿につき終章参照、同章で触れる J. S. ミルの「定常状態」も参照）。
154 池上惇京都大学名誉教授の、2021 年 12 月 31 日付筆者宛て書簡でのご教示による。
155 原典は『論語』。
156 めいわく施設の立地反対運動は図らずもそのような情報の価値を理解する機会を市民に提供する。
157 以上、住沢博紀（2002）「ドイツ」（竹下譲監修・著『新版　世界の地方自治制度』、イマジン出版、pp.135-161）
近藤正基（2016）「集権化する連邦制？　ドイツにおける第一次連邦制改革の効果と政治的要因」（秋月健吾・南京兌『地方分権の国際比較』、慈学社出版、pp.157-179）
高松平蔵（2016）『ドイツの地方都市はなぜクリエイティブなのか　質を高めるメカニズム』、学芸出版社
158 原島良成・筑紫圭一（2011）『行政裁量論』、放送大学教育振興会
159 宮田三郎（2012）『行政裁量とその統制密度（増補版）』、信山社、p.327
160 山村恒年（2011）「行政過程の裁量規範と構造転換」（水野武夫先生古稀記念論文集刊行委員会『行政と国民の権利』、法律文化社 pp.130-149）、p.138
161 山村恒年（2006）『行政法と合理的行政過程論―行政裁量論の代替規範論』、大学図書
162 深澤龍一郎（2013）『裁量統制の法理と展開―イギリスの裁量統制論―』、信山社
163 同書、p.6
164 なお、ギャリガンには、のちに論ずるように、行政の裁量の幅を認める福祉国家志向の側面がある。
165 Simon, Herbert A. (1997). *Administrative Behavior: A Study of Decision-Making Processes in Administrative Organizations*, Fourth Edition. New York: The Free

Press.
166 *ibid*, p.66；引用者訳
167 阪本昌成（2006）『法の支配　オーストリア学派の自由論と国家論』、勁草書房
168 同書、p.193
169 同書、p.16
170 同書、p.191
171 藤井聡（2003）『社会的ジレンマの処方箋　都市・交通・環境問題のための心理学』、ナカニシヤ出版、p.253
172 神野直彦（2007）『財政学』改訂版、岩波書店、p.75
173 池上惇（1990）『財政学—現代財政システムの総合的解明—』、岩波書店、p.97
174 Musgrave, Richard A., Musgrave, Peggy B. (1989). *Public finance in Theory and Practice*, Fifth Edition. New York: McGraw-Hill Book Company.（原著第3版（1980）の翻訳として、木下和夫監修、大阪大学財政研究会訳（Ⅰ・Ⅱ 1983、Ⅲ 1984）『財政学—理論・制度・政治』、有斐閣）
175 Buchanan, James M., Tullock, Gordon (1962). *The Calculus of Logical Foundations of Constitutional Democracy*. Ann Arbor: University of Michigan Press. ((1999). Indianapolis: Liberty Fund.)
Buchanan, James M, Musgrave, Richard A. (1999). *Public Finance and Public Choice: Two Contrasting Visions of the State*. Cambridge, Mass.: The MIT Press.（関山登・横山彰監訳（2003）『財政学と公共選択　国家の役割をめぐる大激論』、勁草書房）
176 神野、前掲書
177 Musgrave (1989). *op. cit.*
池上、前掲書
178 第3章 3.1 で詳述。
179 こう考えると、市民の政策形成への関与、政治への関心は、いかにしたら高くなるのか、という課題が見えてくる。
180 第3章6参照。
181 Hayek (1944). *op. cit.*
182 Hayek, Friedrich August von (1960). Freedom in the Welfare State, *(The Constitution of Liberty* Part Ⅲ. London: Routledge & Kegan Paul.)（気賀健三・古賀勝次郎訳（1987）『福祉国家における自由　自由の条件Ⅲ』春秋社），訳 pp.9-10
183 ただしハイエクが否定的な行政介入・行政裁量は専ら国家によるそれであり、ハイエクの地方自治論は確認・研究を要する。
184 Hayek (1960). op. cit., 訳 pp.72-73
185 Galligan, D. J. (1986). *Discretionary Powers: A Legal Study of Official Discretion*. Oxford: Clarendon Press., p.4
186 *ibid*, p.4-5；訳は深澤を一部改（前掲書、p.9）；ギャリガンの訳は、この箇所を除き引用者［濱］
187 Galligan. *op. cit.*, p.6
188 *ibid*, p.5
189 *ibid*, p.33

190 *ibid*, p.147

191 *ibid*, p.90

192 もっとも、この種の問題においても多元主義的合意形成により必ずしもベストな政策が選択されるとは限らないとギャリガンはみている。

193 *ibid*, pp.103 - 104

194 本書第2章の立場では、この議論は変容を遂げていない市民等のステークホルダーを前提としている、とみなす。あるいは、市民等の動態的変容という事実を見落としている。

195 ただし、行政の主体的協働行動が解決をもたらすとするならば、ステークホルダーは最終的に私益に由来するバイアスを捨てうると仮定しなければならないが。

196 Galligan. *op. cit.*, p.185

197 *ibid*, p.153

198 *ibid*, p.196

199 *ibid*, pp.196-197

200 *ibid*, p.197

201 *ibid*, p.198

202 *ibid*, p.199

203 *ibid*, p.333

204 *ibid*, p.334

205 *ibid*, p.337

206 Arnstein, Sherry R. (1969), Ladder of Citizen Participation. *Journal of the American Institute of Planners*. 35(4), pp.216-234. 。序章図表序2参照。

207 Galligan. *op. cit.*, p.348

208 第5章6.1参照。

209 *ibid*, p.347

210「第2章2.3　個人の意思決定と集団の意思決定」参照。「第2章4.3.②　町内会」参照。重たい指摘である。1研究者として、ステークホルダー組織（e.g. 町内会）内部の構成員同士の合意形成の研究が必要である。2政策担当者として、ステークホルダー団体内部の合意形成にまで立ち入って、団体で形成された合意に反対の意見を抱く人々に何らかの対応をすべきかどうか、という問題提起として読み取れる。ケースバイケースで一般論としては論じにくいかも知れない。

211 Galligan. *op. cit.*, p. 205

212 *ibid*, p.206

第5章

廃棄物処理施設をめぐる市民と行政の葛藤と「合意形成への合意」

3つの事例を中心にして

[市民参加に懐疑的な住民]

「仮に用地選定の当初の段階から市民委員会方式を採用し複数の候補地域住民が参加して立地場所を決定することとしていたら、紛争に至らずスムースに合意が形成されただろうか？」

筆者は、第1章で取り上げた大阪市住之江工場の事例と、これから紹介する猪名川上流広域ごみ処理施設組合国崎クリーンセンターの事例における聴き取り調査の際、このように住民に質問した（3つの聴き取りの機会、7名の被聴き取り者）。その答は、筆者の予想に反し、全員否定的なものであった[213]。

これまで多くの研究において、めいわく施設立地に伴う紛争の解決に向け、市民参加による政策合意形成の手法の有効性が認められてきた[214]。しかし、ここでの廃棄物処理施設の立地の事例では、反対する住民たちはこのような定説である市民参加に疑問を呈した。これは何を意味するか。[215]

彼女ら彼らの意見を集約すると、利害がからんでいる地元において市民委員会のような方法は有効でない、複数の候補地の関係者が集まって1カ所を選ぶということは容易でない、というものであった。この種の問題を地元の人たちが話し合いで決めるのはなかなか難しい。通常は地域の合意形成の調整役である町会長も、このような激しい不利益分配の行司役は担いえない。これが直接に表明された意見であった。

[しかし、行政に政策形成を委ねる意図は住民にはない]

しかし、自分たちが決められないから、という理由を、額面通りに受け取ることには注意が必要である。行政が主宰する委員会は、最終的にはものごとを決定に至る場である。参加するからには、決められない、では済まない。住民たちの意見は、暗にこの事実を前提としている。

私たちの事例での多くの住民たちは、自分たちは決められないから、この種の社会的ジレンマにかかる問題は、結局は行政が決めてしまうしかない、と考えているのではない。なぜなら、行政が一方的にものごとを決めて市民に押し付けることに強く反発したことが、住民たちの運動の原点であるからである。

住民たちは、自らにあるいは自身が属するコミュニティに直接関係する政策の形成にあたってはステークホルダーたる自分たち市民が決定する権利を持つと、間違いなく確信している。しかし、行政が用意する合意形成の場への市民参加には懐疑的である。この章では、このような住民の反応を導きの糸として、新たな事例も参照しながら、市民参加による合意形成のあり方について考える。

まず、その考察の参考となる、市民参加により廃棄物処理施設の立地の合意に至ったとされる3事例を紹介する。

1. 廃棄物焼却施設武蔵野クリーンセンターの市民参加による合意形成の事例

1.1. 概要

市民参加により立地・建設の合意が形成された廃棄物処理施設がある。そのひとつが、1984年に竣工した武蔵野市の一般廃棄物焼却施設「武蔵野市クリーンセンター」である[216]。

武蔵野市と三鷹市は、ごみと伝染病病院の共同処理・運営を行っていて、ごみは三鷹、病院は武蔵野と分担していた。三鷹のごみ焼却施設は調布市との境に立地しており、稼働中に調布の住民のクレームが出て、なぜ武蔵野のごみまで搬入されるのかと武蔵野のごみだけがバリケード封鎖される事件が起こっていた。

第1章で取り上げた杉並のごみの江東区埋立処分場への搬入拒否の事件が報道された時期でもあった。

武蔵野市は、市民が排出するごみを市内で焼却する必要に迫られ、市役所がいったん新焼却施設の建設予定地を決定する。しかし住民の反対にあい撤回し、複数の候補地住民の参加による市民委員会（委員長：寄本勝美早稲田大学教授［当時］）を開設して改めてここで建設用地を決定することとした。委員会で理性的に熟議を重ねて用地選定がなされ、市役所横の用地に建設されることとなった。

この例においても、第1章の杉並清掃工場と同様、建設後、武蔵野市クリーンセンター運営協議会が常設され、住民が施設の運営に参加した。

20年余り後の施設老朽化に伴う同じ敷地での建て替えにあたっても、市民参加の委員会でその準備が進められた（2017.4新施設本格稼働）。

1.2. この事例の特徴

市民委員会による武蔵野市クリーンセンターの用地選定は、市民参加型の合意形成の典型的な成功例である。他に紹介する事例と異なり、ここでは、市民参加の実態への異議を呈する研究も見当たらない。

武蔵野の例で注目すべきことは、三鷹の共同処理焼却施設への武蔵野のごみの持ち込みを阻止する施設周辺住民の実力行使等の状況から、武蔵野市民は、自らが排出する武蔵野市のごみの問題の重要性、緊急性を認識していたと考えられる点である。市民は、市のごみ問題についての情報をかなり蓄積しており、さまざま考えをめぐらす機会が多かったと想像される。

加えて、武蔵野市長が早くから（1970年代）市民参加を推進した[217]。また（それゆえに）、「武蔵野市では私的利害や地域的損得よりも理にかなった公益を優先する判断を下す市民が多い」（武蔵野市職員の感想：聴き取り調査による）。すなわち、市民参加により公共的政策課題を解決していこうという市民文化が定着していたことも、市民参加システムを機能させた一つの要素として作用したと評価できるだろう。

同時に重要なポイントは、市役所職員が市民の公共志向を十分認識し、市役所が市民をパートナーとして遇する市役所文化が定着していたことである。

2. 兵庫県・大阪府の廃棄物処理施設である猪名川上流広域ごみ処理施設組合国崎クリーンセンターの紛争と合意形成の事例

2.1 概要

兵庫県川西市、猪名川町、大阪府豊能町、能勢町が共同で設立した一部事務組合「猪名川上流広域ごみ処理施設組合」が管理する一般廃棄物焼却等処理施設の立地にあたって、裁判に至る住民の反対運動が展開された[218]。

1997年6月、当時ごみ処理を担当していた豊能町と能勢町がつくる一部事務組合「豊能郡環境施設組合」が管理する一般廃棄物焼却施設（能勢町に立地）が、当時の排出基準を倍近く上回る濃度のダイオキシンを排出していたことがわかり、98年に廃炉となった。

98年10月、川西市、猪名川町、豊能町、能勢町によるごみの広域共同処理が自治体間で合意された。そして翌99年3月、川西市の国崎地区（現在施設が立地している用地）が建設候補地であることが発表された。候補地が発表されると地元でいくつか反対運動が起こった。反対運動はやがて二つに集約されていった。一方は、反対を貫き、2004年11月に訴訟を起こした。最高裁へ上告するまで争ったものの、上告不受理となった。他方の住民は、この焼却等施設の環境保全委員会など以下の会議に参加し施設の運営を継続的に監視していく立場を選択した。

行政側の対応は、当初すなわち用地選定までは第1章の大阪市住之江工場の事例と同様一方的に決定して住民に押し付けるというものであった。しかしその後は一貫して住民参加推進の姿勢を示してきた。まず市民参加による猪名川上流1市3町広域ごみ処理施設整備等検討委員会（1999年9月報告書：複数のごみ処理方式の中から焼却方式を選択）を設置した。ここでの決定後、猪名川上流広域ごみ処理焼却方式検討委員会（2003年1月報告書：複数の焼却技術からひとつを選択）を改めて立ち上げた。また2009年施設竣工後は市民委員の参加する環境保全委員会を頻繁に開催している。これは、杉並や武蔵野のものと同様の施設運営委員会である。

2.2 この事例の特徴

この事例では、行政が用地決定の段階で一切住民の意向を聞こうとせず行政内部（府庁や役場といった複数の行政機関）で決定した点では、第1章の大阪市の事例と同様の行政対応であった。

しかし、その後の段階からは一貫して市民参加による合意形成の場でことを決めていく姿勢に転換した。

ここで留意すべき点は、解散した豊能郡環境施設組合の焼却施設の高濃度ダイオキシン排出問題を地域がすでに経験していたことである。この問題は、全国にわたって報道された。多くの地域住民は、十分な情報に囲まれ、ごみ問題の重要性、新たな焼却施設建設の必要性について認識していたと考えられる。

行政の姿勢が住民の意見に耳を傾ける方向に転換したことに加え、上記のような地域の置かれている客観的状況について住民が情報を蓄え認識を深めていたことが、やがて参加による合意形成の道[219]を多くの住民に選ばしめたと解釈できよう。

3. 長野県中信地区の産業廃棄物処理施設の合意形成の事例

3.1 概要

長野県庁（以下、「県」という）が主導して公共関与で産業廃棄物処理施設を建設することを計画した。複数の候補地の住民代表が参加し学識経験者が司会者となる委員会において合意が形成された点（市民委員会方式）に大きな特徴がある。ここで建設用地選定方法が確定した[220]。

長野県中信地区・廃棄物処理施設検討委員会は当時の田中康夫知事の肝いりで設置されたものである。知事の全面的バックアップのもと、市民委員会方式を提唱する原科幸彦東京工業大学教授（当時）が座長をつとめた。この場で立地の可能性のあるエリアの住民等（ステークホルダー）の参加のもと候補用地のスクリーニングが行われて、2005年に報告書がまとめられた。

原科が主導する市民委員会の進め方は、まず「参加の保証」と「議論の結果の政策への反映の保証」を前提とする。「議論の条件」として、「参加の場の設定」(本件では会議)、「議論の公開」、「十分な情報提供」が不可欠とされる。参加者は「専門家」・「ステークホルダー」から成る。そして「論理的思考力、専門性やパーソナリティなど」の面から適格な「ファシリテータ」が「会議の司会者」となって会議を運営していく[221]。

なお、この事例は施設の建設には至っていない。

上記のように長野県中信地区・廃棄物処理施設検討委員会が2005年に報告書をまとめた後、複数の候補用地につき戦略的環境アセスメントを実施して用地を決定し、施設を建設するスケジュールとなっていた。

しかし、環境アセスメントの手続きに至る前に、知事の指示によりこの計画は中断した。

この時期、県は「信州廃棄物発生抑制と良好な環境の確保に関する条例（仮称）」の策定の検討を始めていた。この条例案は、廃棄物の発生を抑制しできるだけ廃棄物処理施設は造らないようにしようという趣旨に基づいてつくられていて、これまで行われていた廃棄物処理施設検討委員会の検討の流れとはかなり異なる廃棄物政策の方向性を持つものであった。これによって議論は拡大し、ステークホルダーの増加も想定される状況となった。
それでもやがて環境アセスメントの手続きが再開され、県内2カ所が産業廃棄物処理施設候補地に選定された。そして候補地において住民説明会が開催されると、「寝耳に水」等の住民の反発の声が相次いだという。[222]

3.2 この事例の特徴

この事例では、当初の市民委員会の検討結果の具体化の途上において、議論の中断、それまでと異なる論点の登場とステークホルダーの拡大、という新たな要素が加わった。新たなステークホルダーは、これまでの処理施設整備という議論の方向と違った廃棄物観（＝廃棄物減量指向）に立っていたと想像される。したがって、旧来の議論をリセットしたような主張も展開したであろう。このような状況は、明らかにこれまでの議論の流れそのものを途絶、攪乱したはずである。[223] かくして、当初の市民参加委員会による合意形成のこころみは幕を閉じてしまった。
この事例について、土屋雄一郎は、当初の長野県中信地区・廃棄物処理施設検討委員会において合意が成立した段階で、社会学者としてこのコミュニティに入り参与観察した。そうして、建設予定地の住民がもろ手を挙げて納得して委員会の結論に賛同した経緯とはなっていないことを指摘している[224]。別の文献で土屋は、廃棄物処理を巡る紛争の解決において、例えば市民参加による委員会のような「コミュニケーションの形式」は、「地域の多様な実情をノイズとして均質化」してしまい、「正義の強者」となって「地域社会に現れる」と厳しい評価をしている[225]。
土屋の観察と解釈を換言すると、行政は、「正義の強者としての市民参加」を振りかざしながら住民の前に立現れた、と表現できるだろう。そして実は、行政自身が、住民にとって、「正義の強者」だったのである。住民たちは、住民と行政との格差を、強者としての行政を、少なくとも感覚的に、実感していたのであろう。この格差に関する問題を、節を改めて掘り下げてみたい。

4. なぜ住民たちは行政が主宰する市民参加の場に躊躇するのか

この章の冒頭で明らかにしたように、行政が一方的に施設建設を押し付けることに反発した住民たちは、行政が市民参加の場を提供しても、そこへの参加を躊躇する。ここまでの事例から、その理由についてここで考える。

結論を先に述べれば、いま前節で触れたように、住民たちは、意識的に、あるいは無意識のうちに、自分たちと行政との格差を感じていたからではないか。

第4章で明らかにしたように、行政は、保有する情報量において、住民に対して圧倒的に優位に立っている。市民参加の委員会においても、情報は行政から提供される。住民は、情報をコントロールされ、必死で勉強してもわからない点はこともあろうにこの対峙する相手に教えられ、しばしば考える道筋や結論の選択肢さえ暗示されてしまう。これでは、議論しても到底勝ち目はない。科学的な情報を偏らずに提供し、住民の自発的な学習を支え、結論が客観的に見えてくるよう議論の進行を流れにゆだねる。行政がそのような存在でなければ、あたかもイコールパートナーとして遇される市民参加委員会に参加してしまっては危うい、住民たちがそう直観しても不思議ではなかろう。

先に紹介した、武蔵野クリーンセンター、国崎クリーンセンターのいずれの事例においても、市民は、それぞれのまちが直面する廃棄物処理の危機的状況について、かなりの情報に接していた。そして、廃棄物処理施設の必要性を認識するに至るまで考察を深めていた人々も多かったと想像される。これらの都市では、関連情報保有量の格差、そして問題に対する認識や理解の差異、さらに結論の方向性の差異が、市民と行政の間で小さかったのである。これが、この2つのケースにおいて、住民を参加に向かわせた大きな要素であったろう。

さて、行政は、このように圧倒的な情報を集積しているのみではない。土屋が指摘するように、そもそも行政は「強者」である。住民たちはこれを十分認識している。それでもけんかに挑み対行政闘争を繰り広げることはある。その時、けんかのやり方は住民が選べる。しかし、強者が仕組んだ「民主主義」の仕組みにはまり込んでしまったら、自由に動く余地はほぼ無くなる。「正しい」手続きに異を唱えることはできず、分別ある大人同士の「話し合い」で、やがて物事が決まってしまう。これでは、生来強い行政が、政策を市民に押し付けるにあたり、そのやり方を、上意下達の一方通行から、市民の関与を取り込む行政手続に変えただけに過ぎない。そのような市民参加ならごめん被る。住民たちがこう感じるのはしごく当然と言えよう。

さらに、行政は、世論を形成する力がある。メディアへの影響力も大きい。白日の場にさらされた弱い立場にある住民たちが、取り巻く市民から悪者にされてしまうおそれさえ、想定される。実際、第１章で取り上げた対行政運動を闘った杉並・高井戸の住民たちは、「地域エゴ」の世論に苦しめられた。

5. 行政にとっての「合意形成」の意味

日本におけるめいわく施設の立地をめぐる地域の反発を取り扱った研究（社会的ジレンマ研究、コンフリクト・マネジメント研究、NIMBY［Not In My Back Yard］研究）では、合意形成という用語が頻繁に用いられる。そしてほとんどの論者は、合意形成を望ましいものと評価し、そのことを当然視して取り扱う。したがって施設建設者である行政等や用地付近に住む住民代表およびその他のステークホルダーが合意形成の場へ参加することは当たり前で「論ずるまでもなく参加すべきもの」とみなされる。こうなると、議論の流れはおのずと次のように収束していく。

行政が一方的に決定を住民に押し付けることはいけない、これでは住民が反対するのも当然だ。だから行政は住民に合意形成の場を保証しなければならない。この合意形成の場に住民（規範的市民）は当然参加する、または参加すべきである。したがってその合意形成の場のあり方こそもっとも重要である。適切な合意形成の場が設定・運営され住民の参加が保証されるならば、自ずから関係者同士による熟議が進んでいってやがて合理的に合意が形成される。かくしてめいわく施設と称される公共施設の立地場所は首尾よく決定（= siting）に至るであろう。

ところが、行政による一方的な政策の押し付けに怒る住民が、上記のような民主的に設定・運営される合意形成の場への参加を拒否する。その理由は、さきに述べたように住民に行政との格差意識が潜んでいるからと考えられる。

一方、行政にとって、民主的な合意形成の仕組みは、どのような位置づけにあるのだろうか。

御厨貴[226]は、合意形成は規範的意味、とりわけ行政の規範としての含意を持つと指摘する。

合意形成は、現在、二重の意味で行政にとって規範的である。

一つには、かつてのような「由らしむべし、知らしむべからず」の姿勢で行政が一方的に何でも決めてしまって住民に押し付ける政策形成手法は、いまは善しとされない。市民参加により合意形成を図るべきだという手続的規範が、現在この国の行政に（少なくとも建前としては）認識されている。

もう一点、これはとりわけ重要だが、合意形成が成立するということは計画した政策が実現する可能性が一気に高まることを意味する。したがって、合意が形成されるということは、いつの時代にあっても常に計画者である行政にとって望ましいものであるという意味で、特定の価値を帯び、規範的である。

行政は廃棄物処理施設を建設したい。そのための用地を決める合意が形成されることは、行政にとって望ましいことである。降ってわいたように廃棄物処理施設の建設という議題が持ち出され、その立地場所を決めるから会議に参加せよと言われる住民にとっては、その意味するところは全く異なる。

6.「合意形成への合意」という手続きステップ

6.1. 立地決定、合意形成、市民参加

ここで、この分野で頻出する用語の整理をしておきたい（図表：5.1）。

（めいわく施設などの）立地場所決定を意味するsitingという用語は、英文文献では頻出する。一方日本の研究文献に頻出する用語は、「合意形成」と「市民参加」である（市民参加は英文文献でもよく見受ける）。siting（立地決定）が価値中立的に使われるのに対して、先に述べたように合意形成は規範的コノテーションを持つ。市民参加も序章で記したようにしばしば規範的意味を込めて用いられる。

日本の研究の大多数は、「市民参加による合意形成」（図表：5.1の中央の四角形の下半分の「市民参加」の部分）を「決定を押しつけるのではない立地決定プ

図表：5.1　立地決定、合意形成、市民参加

注：トップダウンとは行政など開発者が主導して用地の決定を進める方法を意味する。その下の枠の市民参加は、決定の合意形成の場に市民が直接参加するものをいう（図表序2、アーンスタインの梯子の6以上）。また、合意形成の右横がはみ出しているのは、少なくとも机上論として施設を建設しない＝どこにも立地しないという合意形成結果もありうることを意味する。

ロセス」（灰色で塗りつぶして表示されるもの）と同等とみなして論を進めているようである。しかし、関係者が納得するような合意形成が、トップダウンにより、例えば行政が調整役としてうまく機能した結果達成される場合も、想定されなくはないだろう（図表：5.1 右灰色部分の上半分）。

なお、この章では市民参加を市民が決定に直接参加する機会を提供されている場合に限定し、アーンスタイン［図表：序 2 左端の数字］の 3 から 5 の参加度のより低い段階は含めない。これが日本の研究における一般的なこの用語の用いられ方だと思われる。しかし、市民参加という用語をもっと広くとらえて論じられることもある。例えば、第 4 章で述べたようにギャリガン[227]は consultation も市民参加の一形態だとしている。

6.2.「合意形成への合意」というステップがある

多くの研究者は、合意形成の場に候補地住民などのステークホルダーが参加して民主的に議論が開始される時点が、めいわく施設立地問題の解決のための出発点と考えているようである。ところが、住民にとって、このような合意形成の場に参加すれば、とても大きなアクションをすでに起こしてしまったことになるのだ。すなわちこれは、住民が合意形成に「合意」したことを意味するのである。

立地の合意が形成されることは、行政にとってはとても大きな目標である。これがクリアされれば、後のステップは、建設される施設の仕様の確定であるとか、施設に出入りする車両のアクセス道路の決定とか、負担を甘んじて受ける地域への何らかのコンペンセーションの検討など、さまざまな条件や課題を一つひとつ解決していけばよい。その合意形成のテーブルを首尾よく設定すること、これは行政にとって合意形成手続の最初の（そしてしばしば最も高い）ハードルであるはずだ。

一方住民にとっては、条件闘争の一連のステップの入り口が合意形成の場へのステークホルダーとしての参加なのである。言い換えれば、住民が行政と対峙して絶対反対を掲げて運動を起こそうとするなら、用地選定を前提とした合意形成の場への参加に住民が当然に「合意」するとは想定しえない。

そう、社会的ジレンマを伴う公共的課題の解決を市民参加による方法で進める場合、ステークホルダーが参加して議論が開始される時点が、手続の最初のステップではない。その前の段階が、存在するのである。すなわち、ステークホルダーがそのような合意形成の場に参加することに合意する、というステップである。

そうだとすれば、真に民主的に合意形成を進めようとするならば、そのような住民たちに「非参加」の保証がなされなければならない。

それでは何も決まらないではないか、と主張される向きもあるかも知れない。しかしそうではないのである。ここまで紹介したいくつかの事例が示すように、このようなめいわく施設にかかる合意形成問題は、ひとつのテーブルとしての参加の場が設定できないからという理由でことが前に進まないのではない。ステークホルダーの一部が合意形成の場に参加しようとしない状況が背景にあるからである。その状況は、市民と行政との格差を解消[228]しようと努めることをしない行政の姿勢が生み出したものである。そのため、参加の場が確保できず、理性的な検討と熟議による合意形成がなされないのである。

6.3. 合意形成過程の手続きに組み込まれるべき「合意形成への合意」のステップ

以上縷々説いてきたことの帰結として、次のように言える。すなわち、計画・政策企画者は、「合意形成への合意」というステップを合意形成の一連の過程ないし手続きの中に組み込むべきである。

行政など計画企画者は、その計画の円満な達成のためには、ステークホルダーの合意を取り付けなければならない。廃棄物処理施設の立地のような行政政策であれば、政策形成のできるだけ早い段階で、ステークホルダーたる住民の参画が望まれる。従来の研究もほぼ異論なくこのことを推奨してきた。本章の検証は、その住民が参加して合意形成を開始する前段階における、参加することそのものに合意するというプロセスの重要性を明らかにした。

この「合意形成への合意」のプロセスは、合意形成の総過程の外に在るオプションの選択肢ではないのである。しかし従来、この当然のプロセスが無視され、飛ばされて手続が進められてきた。それでもスムースに合意形成が進んでいくこともあっただろう。しかし、本書の事例のように紛争が発生し合意形成のプロセスが頓挫することもあったと考えられる。「合意形成への合意」は、合意形成の一連の手続きの一環として不可欠なステップであることを、何よりも計画推進者たる行政が認識しければならない。

7.「合意形成への合意」に向けて地方行政に求められるもの

［地方行政に求められるもの］

ものごとを解決するための話し合いの場をほとんど持つことのない経常的ステークホルダー間関係が存在する社会にあって、特定の政策課題が浮上したときにその問題に限っては話し合いで容易にことが解決すると期待できるものではない。特定政策課題を話し合いで解決するためには、その社会における経常的ステークホルダー間関係が良好であるという前提が必要条件となる。その前提が満たされていない状況下で政策を実現しようとするなら、まずステークホルダー間関係を改善していく取り組みから始めなければなるまい。

あるいは、強権による押し付けと対抗する反対闘争によって決着をつけるしかないという立場も取られうる。その実態がこれまで多く見られた不幸な事例である。

経常的に良好なステークホルダー関係の確保には、住民と行政の信頼関係の構築が最も重要である。このため、まず、行政による、市民との格差の縮小、あるいは、市民に対等を保証する取り組みが求められる。これには日ごろの行政の姿勢の積み重ねが鍵となる。具体的には、十分な情報公開、公平な市民対応、政策判断過程の透明性、職員の誠実さが挙げられる。

なお、市民文化も大切な要素である。一方では行政が、市民の意見が有効に政策形成に反映されるような様々な参画・協働の仕組みづくりと運用に努める。他方市民の側では、積極的に公共的課題に取り組む市民活動が重要となる。このようにして、熟議の場が、一方で多様化し、他方で総合化されていく。

しかし、このような住民・市民と行政との関係は、一朝一夕に築き上げることができるものではない。では、そのような信頼関係が十分構築されていない場合、「合意形成への合意」の成立は不可能なのだろうか。このような悲観的にも思えるステークホルダー関係に一条の光を差し入れてくれるのが、「第三者」である。不参加を表明している住民と第三者が語り合い、問題となっている政策的課題を客観的に解きほぐしていく。一方、行政と第三者も話し合って、行政の主張の科学性をともに検証していく。一言で表せば、住民行政間格差の溝を埋めていく。このようなことができれば、問題解決の糸口が見えてくる。第７章で詳しく検討することになる。

[廃棄物処理施設建設の政策形成の今後の展望]

廃棄物処理施設のようなめいわく施設の特徴は、いったん建設されると長期間(廃棄物焼却施設では30年前後)稼働することである。したがって、稼働の間、ずっと、施設運営者（事例では行政）と住民との関係が続く。本書で取り上げた事例をみると、施設稼働中の住民と行政とのこのような関係が対等であり、情報が共有され、住民の意見が施設の運営に反映されるときには、信頼関係が築かれ、30年後の同一敷地での施設更新（建て替え）も円滑に進むとみなしてほぼ間違いない。

地方行政は、さまざまな政策において、住民と日々付き合っていくことが望まれる。しかし、うっかり（怠慢で）のど元を過ぎるとステークホルダーたる住民との関係をないがしろにしてしまうこともあるかも知れない。一方、破棄物処理施設をはじめいわば日々手間のかかるめいわく施設は、住民の声やクレームが耳に届かず、住民との関係が希薄となってしまって、のちに後悔するということが、行政にとって起こりにくい。これはむしろメリットとみなすことができよう。

幸い日本の廃棄物の増量トレンドは収まっており、廃棄物処理施設は次々と新しい用地に新設されるというよりも、施設のリプレイスの時代に入っている。市町村の廃棄物行政担当部局が、日常の施設運営において、常に情報を開示し、住民の意見を十分に取り入れ、住民から信頼される姿勢で事業運営に取り組むことにより、市民行政間格差の溝を埋めるように努めるならば、そして、住民も積極的に参加と学習を継続するならば、一般廃棄物処理施設建設にかかる紛争は減少していくことが期待できよう[229]。

〈参考●聴き取り調査〉

[1] 武蔵野クリーンセンター

2011年2月聴き取り。対象者：武蔵野市職員1名。

[2] 猪名川上流広域ごみ処理施設組合国崎クリーンセンター

（兵庫県川西市・大阪府豊能町・能勢町による一部事務組合施設）

2010年11月聴き取り。

対象者：反対後条件闘争派住民5名、反対継続派住民1名。

［注釈］

213 濱真理（2011）「廃棄物処理施設建設における合意形成」、京都大学公共政策大学院、京都大学公共政策大学院リサーチペーパー集　2010年度版、85-92

214 枚挙にいとまがない。リスクが認識される施設やめいわく施設の立地場所の選定につき、市民参加手続きを踏むことが一般的であると評価されている、またはそのように実際に適用されている、と述べているものは、Kasperson, Jeanne X, Kasperson, Roger E., Pidgeon, Nick & Slovic, Paul (2003). The Social Amplification of Risk: Assessing Fifteen Years of Research and Theory (Pidgeon, Nick, Kasperson, Roger E. & Slovic, Paul ed. (2003). *The Social Amplification of Risk.* Cambridge: Cambridge University Press. pp. 13-46), p.32、
Short JR, James F. & Rosa, Eugene A. (2004). Some Principles for Siting Controversy Decisions: Lessons from US Experience with High Level Nuclear Waste. *Journal of Risk Research,* 7(2), pp.135-152., p.135、
Rowe, Gene & Frewer, Lynn J. (2005). A Typology of Public Engagement Management. *Science, Technology, & Human Values,* 30(2), 251-290., p.251。
廃棄物政策分野において市民参加を重視するものとして、
山本攻・西谷隆司（2002）「廃棄物計画と市民参加」、廃棄物学会誌、13（6）、341-346、
金子泰純（2004）「廃棄物計画策定過程にみる市民参加の意義と課題」、社会経済システム、25、147-152。

215 もちろん、筆者が聴き取った住民たちの意見が廃棄物処理施設やめいわく施設の立地に反対する市民一般の意見を代表するわけではない。これらの証言は、本章でこれから進めていく考察の窓を開いた、という意味で重要であるとここで位置づけている。

216 寄本勝美（1981）「清掃施設に対する市民参加の挑戦－武蔵野市の特別委員会の活動報告」、ジュリスト、744、81-89
寄本勝美（1989）『自治の現場と「参加」』、学陽書房
清水厚子（1982）「ある住民運動の記録part1－ごみ処理場をめぐる参加と合意」（寄本勝美編著『現代のごみ問題　行政編』、中央法規、pp.205-240）
八田明道（1982）「ごみ問題とシンクタンク・専門家の役割―その知的生産物の活用」（寄本勝美編著『現代のごみ問題　行政編』中央法規、pp.145-161）
森住明弘（1987）『ゴミと下水と住民と』、北斗出版、2011聴き取り調査

217 佐藤竺（1999）「分権社会・成熟社会の市民参加、『都市問題』、90（2）、3-14

218 濱、前掲論文、2010年聴き取り調査

219 ただしこれは立地の合意形成ではなく施設仕様・運営方法にかかる合意形成である。

220 原科幸彦（2002）「環境アセスメントと住民合意形成」、廃棄物学会誌、13（3）、151-160、原科幸彦編著（2005）『市民参加と合意形成―都市と環境の計画づくり―』、学芸出版社、原科幸彦（2011）『環境アセスメントとは何か―対応から戦略へ』、岩波書店、籠義樹（2009）『嫌悪施設の立地問題－環境リスクの公平性』、麗澤大学出版会

221 原谷（2005）、前掲書

222 土屋雄一郎（2008）『環境紛争と合意の社会学— NIMBY が問いかけるもの』、政界思想社

223 土屋（2008）、前掲書

224 土屋（2008）、前掲書

225 土屋雄一郎（2011）「廃棄物処理施設の立地をめぐる「必要」と「迷惑」—「公募型」合意形成にみる連帯の隘路—」、環境社会学研究、17、81-95、p.81

226 2013.9.21、指導教官としての放送大学大学院ゼミ面談時の筆者へのコメント。

227 D. J. Galligan (1986). *Discretionary Powers: A Legal Study of Official Discretion.* Oxford: Clarendon Press. pp.337-348

228 格差が生み出す問題を解消する、の意。行政—市民格差そのものはすぐには無くならない。

229 従来市町村が運営してきた廃棄物事業において民間事業者が担う割合が大きくなっている。廃棄物処理事業もそのマネジメント体制によっては市町村政府による住民への丁寧な直接対応がなされにくい状況も想定しうる。とりわけ廃棄物処理施設の場合、「民間資金等の活用による公共施設等の整備等の促進に関する法律（PFI 法）」（1999 年施行）に基づく PFI 事業が活用される例がある。この PFI は、廃棄物焼却施設、図書館、市民病院などの公共施設の建設に際し、民間資金を利用して私企業に施設整備と公共サービスの提供をゆだねる手法である。PFI に基づく施設にあっても、施設の建て替え（2030 年前後には初期 PFI 施設の建て替えが想定される）にあたっては再び行政がステークホルダーの役割を担う可能性も大きい。施設管理側（行政と PFI 事業者）役割分担協定とは別に、住民がどの主体をステークホルダーとみなすか（例えば、行政ルール・契約上では PFI 事業者が担当であるけれども、住民は行政しか交渉相手として認めない）、という点も重要である。「PFI 施設における合意形成」は、廃棄物以外の公共施設も含め、これからの研究課題である。

第6章
カナダ・アルバータ州の総合廃棄物処理施設と地域格差

この章では、住民・市民の中にある格差、あるいは人々の居住する地域間格差について考える。

人々の間には貧富の格差、経済的格差がある。健康を支える環境の格差もある。文化的環境の格差もある。人種や性差など、差異に伴う、そして時には差異をも伴わない、差別という格差がある。

差異と格差はどのような関係にあるのだろか。例えば、日本のある地域に多くの外国人が住んでおり、隣接する地域には日本人が多いとしよう。この両地域には、いわゆる人種としての差異がみられるとする。これらの地域において、憲法に書かれているような生活権や教育・学習権などがすべての住民に保障されているという感覚が共有されているならば、格差は生じないだろう。それぞれの地域の住民が交流し、学び合って変容し、包摂の社会がつくられることが期待できる。一方、差異が差別の口実となることがある。それは民族的偏見があるときに起こりやすい。このとき、コミュニティでの生活の権利が、異なる民族の人々に実質的に十分保証されないことになる。いわゆるヘイトスピーチはその典型であろう。こう考えると、基本的社会生活条件の享受における差異が継続・定着しているとき、そのような状況を格差が存在していると呼べるだろう。

格差を考えるにあたり重要なことは、この例のように、基本的権利の機会の差異が格差につながるという問題だけではない。格差が存在するときに見逃してはならない点は、社会的権利・人権を享受する市民的力量の差異である。社会的権利を要求し確保していく潜在能力、ケイパビリティ[230]の差異が、社会に固定する格差の原因として大きく作用している。

人々の間のこのような格差が、その居住地域間の格差を生み出している。そして、廃棄物処理施設のようなめいわく施設が、時に弱い立場にある人々の居住する地域の近傍に建設される。

まず、その実例を紹介したのち、それが示唆する格差に問題について、思想面と政策面から考察する。

1. カナダ・アルバータ州の有害廃棄物等処理施設の用地選定

1.1. 用地決定の経過

ここでまず、1987年に稼働したカナダのアルバータ州にあるスワンヒルズ特別廃棄物処理センターの用地決定（siting）の事例を紹介する[231]。

アルバータ州では廃棄物を州内で処理できず州外に運び出して処理してもらっていたことが問題となっていた。州政府は州内での廃棄物処理施設の建設を計画し、候補地を70カ所選定して公表した。この候補地域のうち地元のコミュニティが容認する地域で環境影響評価を実施することとし、52の地域で調査を実施した。これらのコミュニティは、それぞれ廃棄物処理施設の立地を希望するかどうか内部で検討を行い、最終的に5つの地域が立地候補地として手を挙げた。スワンヒルズもそのひとつだった。

スワンヒルズでは、地元議員が中心となって市民集会を重ねていった。地元の意思を確定するため住民投票が行われ、79%が賛成票を投じた。このあと州政府がこのスワンヒルズを最適地と判断し、立地が確定した。施設稼働後の雇用効果、経済効果が大きいとの評価もある。

1.2. 用地選定における問題点

この事例において、市民参加手続による立地場所選定の合意形成の有効性が喧伝された。注231の文献は、いずれもこの手続きを高く評価している。

しかし、ブラッドショー[232]は、これらの先行研究を次のように批判する。

[1] スワンヒルズの建設予定地近傍の住民は、トレーラー・ハウスに住む非定住的な住民、自らの生活に精一杯で地域環境や社会に配慮する余裕・意識・能力に欠ける住民であった。この住民たちは、“政策形成の場に参加して意見を述べ議論を交換し合意を共有する意思と能力”という、参加の前提条件たる住民資質に欠けていた。

つまり、この住民たちは、衣食が足りていて、教育が享受でき、先述したアマルティア・センのいうケイパビリティが十分備わっている人々ではなかった。それゆえ、その居住地域は、建設反対運動を展開できるようなコミュニティではなかったのである。

2 ステークホルダーのうち合意形成への参加（この場合、住民投票）が保証[233]されていない者たちがいた。具体的に述べれば、上記1に該当する反対意思を表明し（え）ない建設予定地付近の住民に投票権が与えられ、この外のエリアに住むその多くが建設反対の意思表示をするだろう住民たちには投票権が付与されなかった。このように研究者によって評価されたのである。

以下、この章では、1の、ケイパビリティに欠ける住民・市民と地域に関する問題を中心に検討する。その前に、2の、どの範囲を持ってステークホルダーとするのかという問題、すなわち、ステークホルダーの認識･確定（ステークホルダー・アイデンティフィケーション）について触れておくことにする。

2. ステークホルダーの認識・確定

廃棄物処理施設のようなめいわく施設の立地・建設をはじめ、さまざまな公共政策の合意形成をステークホルダーの参加により進めようとするとき、その前提として、ステークホルダーが定まっている必要がある。ステークホルダーのうち、行政組織や企業のような大きなアクターはステークホルダーとして認知されやすい一方、時に住民の一部の層の利害が政策形成に反映されにくくなることがある。

[行政が意図的にステークホルダーの範囲を狭める場合]

このカナダ・アルバータ州の事例では、公共政策に反対する地域住民（立地コミュニティの外縁に隣接する地域の住民）がステークホルダーとして認定されず、この住民たちが意思決定（住民投票）に参加できなかった、とされる。公共政策推進者である行政がステークホルダーの認定の範囲をゆがめてしまう、という問題であった。もしこれが行政の悪意によるものであったとしたら、これはもう、なにをか言わんや、である。第3章で述べたように、市民文化を高め行政の市民応答能力を充実させるか、あるいは法制度など外部環境により行政を制御することにより、行政内部の文化、発想枠と慣行＝「しがらみ」を変えねばなるまい。もっとも、そこまで悲観しなくても、少なくとも日本においては、特定の事例を担当する職員や首長などが少々まともであれば、そこまでひどいことに至るのはまれかも知れない。
なお、この問題は、第4章で取り上げた、行政の裁量の濫用の問題と位置づけることもできる。このコントロールの役割を第三者が担うことが期待できる。これについては第7章6で論じることとする。

［行政に悪意がない場合］
ここで検討を要すべきは、以上の行政の悪意以外にもうひとつ考えられる、次のようなケースである。
特定の地域の住民が、行政や民間事業者による地域開発によって影響を受けるステークホルダーであるにもかかわらず、そのことを自ら認識すらできないことがありうるだろう。例えば個人が貧困の淵にあるとき、社会的できごとに関心を向ける余裕などないであろう。
あるいは、いやだとは感じていても声を上げ抗議する力に欠けている人々である場合も考えられる。個々の住民は自分たちが被害者となることがわかっていても、共同して抗議行動を展開できる地域の自治力が欠けているならば、人知れず泣き寝入り、という事態に陥ってしまうこともあろう。
以上のように、当人たちも自己申告しないことから、行政や開発事業者の把握漏れとなってしまい、このような人々・地域がステークホルダーとして認定されないまま合意形成のプロセスが進むことがおこるおそれがある。
これへの対策は、地域においてこのような住民の認知度を高めることである。行政（とりわけ基礎自治体）によるステークホルダー・アイデンティフィケーション能力の向上（日頃の弱者住民ケア施策推進はその効果をもたらす）、およびNPOや地域市民団体によるこのような弱者住民のステークホルダーとしてのアイデンティフィケーション（とりわけ支援・エンパワーメント活動の一環としての）の取り組みが考えられる。
前章で、公共政策の合意形成の手続に関し、行政に対して、「合意形成への合意」に留意するよう警鐘を鳴らした。合意形成の場の開場の前に、ステークホルダーが合意形成の場に参加することに合意するというステップがある。この合意の取り付けをあらかじめ行政手続に組み込むべきであると強調した。
ここで、「合意形成への合意」の前に、さらにひとつステップがあることがわかった。ステークホルダーの認識・確定（ステークホルダー・アイデンティフィケーション）のステップである。行政は、この問題をあらかじめ想定し、これも合意形成の行政手順の中に組み込んでおく必要がある。

3. 社会的弱者へのケア

3.1 ケイパビリティに欠ける住民と地域

第２章において、市民・住民が学習を伴い変容すること、そしてその変容の向かう先は、理性的な合意形成を成立させる方向であることを明らかにした。しかし、図表2.1の「コミュニティとして意思決定できない、コミュニティとして住民が共同で取り組む機能がない」類型のコミュニティには、このような変容が内発的に進まない懸念が潜在する。そのような懸念を具体的な描写が、この章で紹介したカナダ・アルバータ州の事例である。ここに見られるような、社会的権利を要求し確保していくケイパビリティに欠ける住民とコミュニティは、めいわく施設が近傍に立地するというインパクトが降りかかっても反対を表明できない。すなわち、ネガティブな外的インパクトをもってさえ、これをばねに住民や地域が変容し始めることが難しい。まして、情報への暴露や社会環境の市民参加方向への変化といったレベルの漸次的な外的刺激に反応して自立的に変容を開始することはとうてい想定できない。このような人々・地域は、そもそも、変容の基礎力、ケイパビリティを欠いているからである。このような人々の「人間開発」[234]をいかにして進めるのか。これについてしばらく考えてみようと思う。

3.2. ケイパビリティに欠ける住民と地域への対応

[ハーシュマンの洞察]

ここでまず、図表:2.1の「コミュニティとして意思決定できない、コミュニティとして住民が共同で取り組む機能がない」類型のコミュニティ、カナダ・アルバータ州の事例のケイパビリティに欠ける住民・地域の特徴を、少し理論的に分析する。ハーシュマンの組織と構成員の関係の論考を援用する。

ハーシュマン[235]は、組織の構成員・関係者が、組織の変化や衰退に対して、「離脱（Exit）」・「発言（Voice）」・「忠誠（Royalty）」のいずれかの行動を取る、と論じた。

ハーシュマンの描いて見せる組織とその構成員・関係者の関係は、企業とそのブランドの消費者の関係のように、自立・孤立した個人をアクターとして仮定している。彼のモデルにおいては、個々人それぞれが、程度・能力の差こそあれ、自らの選好と考えで判断し行動する基礎的能力を備えている。ここにおける「忠誠」も忍従ではない。組織の動向を理解したうえで、自ら選び取って「忠誠」の行動に出るのである。「忠誠」は「離脱」と天秤にかけて選択されることもあるだろうし、「離脱」をあきらめ「忠誠」を選択したあと、組織を改善するため積極的に「発言」するに至ることも考えられる。

しかし、「離脱」・「発言」・「忠誠」を自ら選択して行動するケイパビリティに欠ける住民が存在するのが現実である。この人たちがただそこにとどまって不利益を被る結果に甘んじてしまう（「忍従」）という道を歩まされることも想定されるのではないだろうか。

ハーシュマンの描くような個人が自立して行動する架空社会においては、政府は小さくてよい、あるいは小さい方が望ましいことになる。一方、第4章でみたように、社会的弱者に手を差し伸べる役割が政府にはあるとする見解も主張されてきた。けれども、新自由主義の台頭とともに、福祉国家論には陰りが見えて久しい。しかし、現在、地域レベルや国家レベルのみならず、グローバルレベルにおいても、貧困や格差はますます大きな問題となっているのである。例えば、先進国の大企業のサプライチェーンの一端において、発展途上国の労働者が、無権利の状態のままで、低賃金や劣悪な労働条件で勤労を強いられている。これなど、経済のグローバル化がもたらした格差問題の典型例である。だから、社会的弱者を支える政策が公的部門から消えることはないだろう。ハーシュマン・モデルは、図らずも（あるいは意図してか）、現実の社会が抱える課題を浮き彫りにしてくれる。

[ケイパビリティに欠ける人たちに対するケア]

このようなケイパビリティに欠ける住民問題の理想的な解決方策は、成員一人ひとりのケイパビリティを高めて地域コミュニティ自体の自治力という地域ケイパビリティを強めることであろう。つまり、地域の中で、ケイパビリティに劣る人たちを支えてこのような人々のケイパビリティを引き上げていくという、助け合うコミュニティを築くことである。

とはいえ、このような地域を放置しておいて、住民たちに発芽する内発的な「人間開発」をまつ、という長期的変化を期待する楽観に応えて、どの地域においても自治力のあるコミュニティと住民がいつか必ず育っていくという保証があるわけではあるまい。また、ケイパビリティに欠ける人々が今日も被害に遭っている現実があると想定され、このような住民の「人間開発」は早く進展するにこしたことはない。

そこで、ケイパビリティに欠ける住民・市民を誰かがケアすることが望ましい、というアイデアが出てくる。これにも反対する立場もあるかも知れない。しかし多くの賛同も得られるであろう。

ケアの必要性を否定しない場合、誰がケアの主体となるかが次の論点となる。

ひとつのアクターは、行政である。他のアクターは、行政以外の主体、例えばNPOなどの非営利団体、あるいは企業も含め営利団体であっても社会貢献に取り組む組織である。

このうち、政府以外のNPOや企業などの社会的弱者の支援の取り組みについては、これを止めるべきだとする考えを採る人々は少ないだろう。このような第三者としてのNPO等の住民・市民支援については、第7・8章で取り上げる。

しかし、行政の福祉的介入に関しては、先に何らかのケアの必要性を否定しなかった人々の間にも、これを行政の役割とすることには反対ないし躊躇する立場もあろう。新自由主義や自由放任競争を支持するとされるリバタリアンは言うに及ばず、福祉国家たる大きな政府を警戒する論者から、「自由」の擁護の視点からの疑問が、一方で呈されている。他方で、国家や地方自治体の財政制約の観点から、問題視する考え方もあるだろう。

このような行政の役割ついては、その権力性との関わりにおいて、第4章でさまざまな研究を確認しながら考察してきた。

[アメリカにおける行政の住民学習支援のケアサービスの実例]

ところで、行政によるコミュニティへの介入が、住民たちの自主性を尊重しつつなされることも可能である。ここで、行政が住民の学習を支援した米国の実例をひとつ紹介しておこう。住民のケイパビリティの程度によりその対応方法を修正する必要があるものの、自治力に欠ける地域住民の支援する行政の取り組みとして、参考となるだろう。

米国で環境を汚染する有害廃棄物が地中に埋められて存在している廃棄物処分場（使用終了のものも含む）が多数あることが発覚した。環境保護庁（EPA；処分場造成主体ではなく、日本の環境省にあたる連邦政府官庁）は、資源保全再生法（RCRA）に基づきこれら処分場を指定して、環境対策の推進を図ることとした。環境対策実施に際し、EPAは、周辺コミュニティの市民参加による政策形成方式の導入（市民組織Community Advisory Group［CAG］の設立による合意形成）を推進した[236 237]。このCAGは、コミュニティで埋立等処分場跡地の環境対策をどう進めたらよいかを議論するため、地域住民で構成する組織である。EPAは地域がこの組織を設立・運営するための金銭的支援を行う。汚染土壌の処理等の対策について住民たちは知識が無い。そこで、EPA自身が情報提供などを行うとともに、住民たちが専門家を雇うことを支援する。この専門家委託等の経費はすべてEPAが支出する。しかし、EPAは、金と知恵は出すが口は出さない。住民たちは自ら議論して埋立等処分場跡地環境対策について決定できるのである。

私たちの事例に照らすならば、ケイパビリティに欠ける住民が自ら判断して意見を形成できない時、CAGの例のように専門の第三者が参加し寄り添って共に考え、意見形成環境を醸成していく、というやり方もひとつの方法であろう。住民への側面支援として、このような仕組みを行政が整えることは、次のような貴重な効果を生み出す。この方法は、一方では、当該政策の形成を促して、のぞましい結果をもたらす。他方では、住民のケイパビリティが育ち高まっていくという意味を持っている。やがて、その住民たちの居住区が自治能力の高い地域に変貌することも期待できる。以上のようなポテンシャルをもっているので、今後の公共政策を進める際に、この例をモデルケースとしての政策の推進を推奨したい。

4. 市民・地域間に格差が定着し再生産される理由を考える

4.1. なぜ市民・地域間に格差が定着しているのか

［行政効率からみると］

ここまで、ケイパビリティに欠ける人々の居住地域に廃棄物処理施設のようなめいわく施設が立地される事例を取り上げ、考察してきた。

このような地域にめいわく施設が立地するのは、一定の合理性があるとする見方もあろう。ただし、それはあくまで経済的にみてコストの面では合理的（rational）だと言っているのであって、倫理や道義にかなない理性的にみて妥当（reasonable）とみなしているのではない。

さて、なぜ合理的かと言えば、地域住民の反対が顕在化しないので、行政など施設建設主体にとって、施設の建設が容易で仕事がはかどり効率がよいからである。しかも、このような地域は地価が安い。さらに、目先のコストだけから費用対便益の対比で施設のコスト分析をしてみても、結論は同じになりやすい。地価などの実質費用に加え、住民が表明する施設忌避のための支払意思額（WTP）を仮想しても、高級住宅地に比べ、社会的弱者居住区域では費用が低くなるだろう。慰謝的補償金を比較計算しても結論は同様である。

そして、結果としてめいわく施設が建設されると、地価などその地域の経済的価値はさらに下がるかもしれない。こうして格差は固定、拡大していく。

［格差が固定化する理由は］

それでは、そもそもなぜ人々の間に格差があるのだろうか。そして、それが地域格差として現れるのだろうか。この設問に対して科学的に答える能力は筆者にはない。しかし、これは当然沸き起こる疑問である。そこで、ここで、日本において現在在る格差を説明するにあたりヒントとなる知見を紹介する。

人々の格差の存在について、教育社会学の教育格差の研究による説明は説得力がある[238]。社会学では、所得の差異に基づき人々の属する階層・階級を分けて分析する。所得の差異は、しばしば世代を超えて格差として定着する。このような所得格差は、教育の格差と表裏一体である。一般的に、中学卒よりも大学卒業者の方が高い給与を得ることができる。経済的余裕のある家庭に育った子どもの方が、大学に行かせてもらいやすい。

このような経済格差は、子どもへの教育投資の格差をもたらす。異なった学校教育環境は、異なった交友関係、人間ネットワークにつながる。

さらに、家庭における文化享受の差異も経済格差と大きく関わっている。観劇、音楽や絵画の鑑賞の機会から、家庭内の蔵書や日常会話の話題に至るまで、文化は、子どもの成長を育む環境において大きな位置を占める。そしてこれは、収入が増えたからといって市場ですぐに購えるフローではない。経済格差の時を経ての蓄積がもたらす、家庭におけるストックとしての文化資本である。「学習に対する価値観」もこの文化資本に含めることができよう。この文化資本の格差が、家庭に共有されている、とりわけ親の、「教育観」の差異をもたらしている。

このように差異のある環境のもとで育った子どもたちは、進学とその後の社会における人生経歴において、異なった道を歩みやすい。それぞれ親と同様の道を歩むことが多くなる。かくして、教育格差が階層・階級を再生産しているのである。

このようにして再生産される階層・階級に属する人々は、それぞれの居住地域に集住する傾向がある。社会学では、都市社会学などが古くからこの現象を分析しており、研究成果はあまたある。同一階層・階級の人々が同一居住地選択するという経験的事実を前提とした都市社会地理学という学問もある。

以上まとめれば、所得格差は、教育格差をもたらし、教育格差は、社会的に弱い立場にある階層・階級を再生産する。世界的にみれば、教育格差は人々のケイパビリティの格差を再生産しているだろう。そして、社会的に弱い立場にある階級・階層は、特定の居住地域に集住する傾向にある。

以上のような格差の存在は望ましくないと感じる読者も多いだろう。筆者もその1人である。次に、このような格差問題に対応する考え方、思想を見ていく。

4.2. 市民・地域間の格差に対する対処への思想

「平等」は、民主主義の理念のもと、「自由」と並び、重視されてきた価値である。とは言っても、「自由」に比べて人々のコンセンサスの程度は高くない。ハーシュマンに触れて述べたように、近年、福祉国家論が衰退し、新自由主義が台頭してきて、「平等」の旗色がますます悪くなった。しかし、最近は、格差問題がクローズアップされてきて、価値観の揺り戻しがあるように見える。

「平等」には、大別してふたつの立場がある。「実質の平等」と「機会の平等」である。前者は、例えば、所得格差があるならその格差そのものを解消せよ、とする強い主張の立場である。富者に課税し貧者に分配する政策は、この「強い平等」の立場に立つものと言えよう。一方の「機会の平等」は、いわばより「弱い平等」を支持する立場である。日本国憲法第14条は、「すべて国民は、法の下に平等であって、人種、信条、性別、社会的身分又は門地により、政治的、経済的又は社会的関係において、差別されない」と規定している。これが「機会の平等」の意味と解してよいと考えられる。福祉国家に否定的で自由と市場競争を重視する新自由主義支持者も、市場参入などの「機会の平等」は認めなければならないだろう。「機会の平等」は、大方のコンセンサス得られていると見なしうる。

ところが、前節で述べた格差の構造のもとにおいては、この「機会の平等」すら保障されていない人々が存在する。だから、格差の問題に、私たちは何らかの手立てを講じなければならない。

このような格差に対処するため、格差を無くそう、とする考え方がある。もうひとつ、格差そのものは解消しえないから、格差の存在を前提として、そのケアに取り組んでいこう、という考え方もある。本書はこれまで、後者の立場から、具体的な対応策を考えてきた。ここでは、このような異なった考え方が見られる格差問題についてさらに熟考するヒントを与えてくれる2つの思想を紹介する。

[格差の耐性をすべての人々に—アマルティア・センの思想]

格差への耐性をすべての人に備えさせよう、と論じるのが、すでに取り上げたセンである。インドのベンガルに生まれ飢饉にあえぐ貧しい人たちの生活を目の当たりにしてきたセンは、人々が、ケイパビリティを身に付け、人権を認識し、自発的に自らの権利を獲得・享受できる主体となる必要があることを理論的に明らかにした[239]。

世界には、貧困にあえぐ多くの人々がいま生きている。そして、そのような人々、特に子どもたちの一部は、明日の生さえ保証されていない。このような人々は、この章で先に取り上げたカナダの貧しい住民と、その貧困の程度が異なる。ケイパビリティの程度も随分違うのではないのだろうか。日本の階層・階級格差も、世界に存在する格差の程度とは比較にもならない。このような生存さえ脅かされる格差に対しては、その根絶を目指して、日々取り組むべきだと、筆者も考える。

センも、すべての格差を無くそうと論じてはいない。しかし、ケイパビリティに関しては、ユニバーサルな最低保障が必要だとみているようである。ただし、センは、以上のような意味で格差の解消を唱えるけれども、そのための理論や理念の構築・彫琢にいそしむより実践を重んじる。だから、彼の格差に対するアプローチは、原理主義的ではなく、眼前の様々な格差に対するまなざしは柔軟であり、現実の差異のある対応について否定的ではない。[240]

さて、それならば、ケイパビリティのレベルに限定せず、いっそあらゆる格差をすべてなくしてしまえば、問題は根本的に解決するという議論も成り立とう。しかし、そもそも格差の完全解消が可能であるのかどうか、筆者は確答できる自信がない。また、すべての格差そのものの解消のため公共的な取り組み必要かと問われれば、直ちに肯んじがたい面もある。例えば、東京23区において、山の手と下町では、所得格差がある[241]。そのような格差を強制的に解消するビッグ・ブラザー（独裁者）を望む者は少ないだろう。そこで、格差の存在を前提としたうえで、それがもたらす問題を解消しようとする考え方が採られうることとなる。

このような格差対策は、個々の局面で、財政支出等を伴う公共的な関与を唱道することになりやすい。第4章で紹介したギャリガンのような大きな政府につながる主張である。そうすると、自由と市場を重視する論者がその論敵として立ち現れることもあり得よう。

[ジョン・ロールズの正義論]

そのような議論において、格差の存在を前提として弱者支援を支える理論を展開した、ロールズの『正義論』[242]を取り上げたい。ここでロールズは、①各人への自由の確保と、②機会の平等や、最も恵まれない人々の困難状況の最小化（「格差原理」）をベースとした、“「公正としての正義」の理論”を提示した。

このうち、「①各人への自由の確保」には、自由・市場重視論者も異論がない。そこでロールズは、「無知のベール」という推論ツールを導入し、自由・市場重視論者に「②最も恵まれない人々の困難状況の最小化」を認めるよう説得した。人々が社会契約を結ぶ前の「原初状態」において、各個人が「無知のベール」をかぶるとする。格差社会において、自分が富者になるか貧者になるか、競争の勝利者となるか敗者にとどまるか、このベールのため、人々は知り得ない。そのような立場に置かれた各人は、自身が「最も恵まれない人」となる懸念から、そのような人々の「困難状況の最小化」に取り組む社会を支持する。ロールズは、このようにして、社会が弱者を支援しようとするとき立ちはだかる思想的難問を解いてみせた。格差の存在とケアをあらかじめ前提・承認したうえで、人々は自由に競争し、富む者、成功者は生を謳歌したらよい。これが、ロールズが描く社会の絵姿である。[243]

しかし、センと異なり、ロールズの理論は、「無知のベール」を人々にかぶせてしまうので、現実にはあり得ない仮定を持ち込む結果となった。たぶんに思想の空中楼閣にとどまっている感があるとも言えるのではないか。彼は、差異が格差につながることのないように事後的な格差へのこまめな対症的ケアを説くのではない。社会を構成する際の社会契約において、人々は、最も恵まれない人の困難状況を最小にする「格差原理」に合意するものとされている。つまり、格差へのケアがそこであらかじめ合意されている。社会契約締結の時点での事前決定を前提とするこのようなロールズの構想からは、事後的に格差解消のためのフリーハンドを福祉国家に許す発想は出てこないだろう。実践現場における柔軟なケアを実行する上での有効性をロールズ理論に過度に求めることは、ないものねだりかも知れないのである。

センは、ロールズよりもアダム・スミスの道徳理論を高く評価する。スミスの理論は、人々が心中に宿らせている「公平な観察者」によるその時々の審判によって各人が公正な判断を下す、というものである。ここから、良識による世論形成が展望されることになる。このスミスの理論ならば、多様な差異の存在を認めたうえでの、具体的な個々の格差問題に対する実践的ケアの推進が期待できよう。

さて、センの立場に立つにせよ、ロールズに与するにせよ、人々と地域の格差は大なり小なり今後とも存在し続けるだろう。このことを前提として、最後にもうひとつ取り上げたいテーマがある。行政や開発主体が、弱者やその居住地域に政策を押し付けたとしよう。そして、その政策が人々と地域に被害を及ぼしてしまった。この政策の失敗に対する政策的対応はどのようにあればいいのだろうか。福島原発事故を例に、節を改めて考えたい。

5. 政策の失敗への対応

5.1. 福島の原発事故の発生

この節では、まず、政策の失敗の例として福島の原発事故の事例を確認する。次いで、政策の失敗への対処のあり方について、事例固有の特殊事情を捨象して残るもの、一般化できる教訓を、福島の事例から導出することを試みる。最後に、以上により得られた政策の失敗に対するための一般的対処策を、廃棄物処理施設立地・建設政策に当てはめて考察する。

2011年3月11日14時46分、東北地方太平洋沖地震が発生した。津波を引き起こし、15時35分に来襲した大きな波は、高さ10mの防潮堤を超えて、福島第一原子力発電所（以下「福島原発」とする）を襲った。非常用海水系ポンプが機能喪失して海への排熱ができなくなったほか、安全上重要な設備の多くが被水した。そして、全交流電源喪失に陥った。このため、核燃料が核分裂反応している原子炉への注水・冷却ができなくなった。ベント（排気）や応急注水の対応をしたものの、12日には、1号機原子炉が水素爆発を起こした。14日には、3号機でも水素爆発が起きた。15日には、4号機でも水素爆発とみられる爆発が発生した。

環境中に放射性物質が排出され土壌汚染、海水汚染を引き起こした。食品汚染（農作物や牛）や人への低線量被曝の被害もあった。やがて、環境修復と汚染土壌の取り扱い、放射性物質の付着した廃棄物の問題も深刻となった。

政府は、3月11日～12日に、福島原発から半径2km ～ 10km圏内の住民に対し、避難指示または屋内退避を指示した。3月15日には半径20 ～ 30km圏内の住民に屋内避難を指示、25日には同地域住民に自主避難要請を行った。4月21日～22日には、半径20km圏内を「警戒区域」、20km以遠の放射線量の高い地域を「計画的避難区域」として、避難を求める対象地域を指定した。その後、見直しがなされ、徐々に避難指示が解除されたものの、「帰還困難区域」（2013年5月28日指定）では避難指示が続いている。[244]

5.2. 福島原発事故の被害

以下、淡路剛久らの整理にしたがって、福島原発事故の被害はどのような特質をもつのか確認する[245]。

この事故の被害は、次の3つに大別される。①「放射線被ばくそのもの」、②「被ばくを避けるための避難による被害」、③「地域社会を破壊され生活の地を奪われたことによる被害」[246]。特に、③の被害は顕著で、事故後4年経過した段階においても、10数万人が帰還できていない。

被害に対しては、金銭補償がなされ、多くの裁判でも争われてきた。直接の責任は、原発を管理する東京電力にある。東電と並んで、国の責任を問う声もあった（損害賠償責任は最高裁で否定された）。

しかし、上記③の、地域社会と生活基盤の損壊の被害は、金銭をもってしてすべて賠償できるものではない。「復興」に関わる課題である。

5.3. 政策の失敗への対応の方策

ここまでみてきた福島の原発事故の事例から、弱い立場にある人々と地域に政策一般の失敗が被害を及ぼすことへの対処策について、ここで試論を提示したい。政策のタイプは次の2つの条件に該当するものに限定する。第1に、特定の地域に被害を及ぼす政策であること、第2に、政策を推進する主体が強い立場にある者であり、被害を受けた主体が比較して弱い者であること、である。この第2の条件は説明が必要だろう。福島の例で、政策推進にかかわった東京電力や国（中央政府すなわち内閣と行政各部）は、強大な主体である。一方、福島の原発立地地区周辺のそれぞれの地域と住民は、地方自治の主体や生活・経済活動の主体として必ずしも弱い主体ではなかった。しかし、特定の政策、ここでは原発の立地という政策に下では、東電、国というステークホルダーに比べ､弱い立場のステークホルダーである。ここでの「比較して弱い者」とは、このような比較相対的な関係において相当程度に「弱い」主体を意味する。

なお、第4章で論じたように、一般的に、市民と対置するとき行政は強い主体である。だから、この節での記述は、政策における格差問題を取り扱った第Ⅱ編全体の総括的考察であるともいえる。しかし、ここで取り扱う問題は、行政など政策・開発推進主体と住民・地域との力関係の差異が顕著に大きいという意味で、やはり限定的である。

ではこれから、政策の失敗への対応を、「事前の対応＝今後の教訓としての予防対応」と「事後の対処」に分けて考えることにする。

① 事前の対応＝予防

福島の原発事故では、東電の津波への事前対応が不十分であったことが指摘され、裁判の争点にもなってきた。例えば、原発の防潮堤がもっと高ければ被害は防げた、過去の津波の記録から被害は想定できたはずである、という主張である。それに伴い、国の指導の不十分さを指摘する声もある。

福島の事故は、以上の直接被害につながる政策の失敗の指摘を招いたことに加え、原発政策への国民的関心を喚起する大きな刺激ともなった。原発政策の予防的対応の不十分さへの議論も高まった。とりわけ、放射性廃棄物を安全に処分できる体制が確保できているのかという問題は、原発政策は「トイレの無い住宅」だ、などと揶揄されてクローズアップされ、例えばそれまで原発推進派であった小泉純一郎元首相が脱原発を説いて回るようになった。

[政策の失敗に対する3つの予防ルール]

福島の事故や原発政策をめぐる以上のような議論から、政策を実施に移すに当たっては、政策の効果や影響および政策遂行の進め方の適切さを十分に事前評価しなければならない、という要請があるという教訓が引き出せる。以下､このような要請をルールと呼び､これを「予防ルール3」とする。なぜ「3」なのかは､予防として採られるべき順位によるゆえであり､後の記述でわかる。

さてしかし、この「予防ルール3」が適用される前に、その政策が必要な政策であること、という条件があるだろう。実施しても便益がほとんどない無意味な政策は、実施されるべきでない。これが「予防ルール2」である。

それでは、「予防ルール1」とは何か。

植田和弘は、2013年の著書に次のように記している。

> ［前略］原発は手に負えない技術だという印象をもった人も多いだろう。事故発生から2年半以上が経ったが、人々の不安は消えていないどころか、原発という技術に対する根本的な不信はむしろ大きくなっているかもしれない。
>
> 技術的な難しさもさることながら、原発と社会や政策との関係も問い直されることとなった。しかし、この点に関しても、原発・エネルギー問題に対する人々の関心は飛躍的に高まり、国民的議論を呼んだとはいえ、現在、原発・エネルギー問題の将来について確信をもって断言できる人はどこにもいないのではないだろうか。そして、そうした政策の不確実さが、また新たな困難を生み出しているようにも見える。[247]

ここで「原発と社会や政策との関係も問い直されることとなった」と植田が言う意味は、原発が、単に技術としてのみならず、社会として、また政策として、コントロールできないのではないかと懸念されるに至っている、ということである。

福島の事故を契機として、原発について、その技術を人類がコントロールできるのか、という懸念が提起された。ドイツのメルケル政権は、それまでの原発推進の政策から180度舵を切り、脱原発に向かった。

植田の指摘はさらに重い。技術の問題が将来新たな技術が解決するかもしれない。しかし植田は、「事故の原因が、技術的な面だけでなく、より本質的には原子力発電と日本の政治・経済・社会との関係にあったと思われる」[248]とする。そして、「生命や安全を優先する考え方を、日本の政治・経済・社会に組み入れていくことは、なぜ難しいのだろうか」[249]と問いかける。

少なくとも、原発政策は、技術への国民の懸念と、そして日本社会の原発管理能力についてのこの植田の問いに明確な答えが出せるまでは、推進すべきでない、という見解がありうるだろう。原発以外の、例えば戦争とか、極論すれば国として国内少数民族を抑圧する政策などは、もっと論争の余地が少ないはずである。このような、巨大な悪影響がある政策、実施することによりたいへんな危険・危機を招く政策、あるいは正義にもとる政策は、実施すべきでない。してはいけない政策は実施しない、これが「予防ルール1」である。

② 事後の対処

[政策の失敗への事後の対処策]

次に、政策による悪影響が現れてしまった後の段階における対処策について考える。

先に、福島原発事故の被害のタイプを、1「放射線被ばくそのもの」、2「被ばくを避けるための避難による被害」、3「地域社会を破壊され生活の地を奪われたことによる被害」として示した。

1は、政策がもたらした直接の被害である。2は、政策の被害に対する当面の対処策を誤ることによる被害である。事例では、放射能の流れる方向に避難指示を出すなどがある。3は、地域社会にもたらす被害である。

なお、それぞれの被害に関し、責任の問題がある。その対応は、裁判により刑事責任を負わせる、行政が職員を処分するなど、事例毎に異なることになる。

さて、1の被害への対処としては、まず原状回復に努めることである。例えば、健康被害であれば治療である。その上で、金銭での賠償による対応となる。

2の被害も、1と同様の措置による事後対処となる。今後の事態に備え、政策マニュアルを改正または策定するなどのような未然防止措置が必要となることも、言うまでもない。しかしこれは、今後のための「事前＝予防」対応に属する。

ここで特に着目するのは、3の「地域社会を破壊され生活の地を奪われたことによる被害」である。除本理史は、これを「ふるさとの喪失」と呼び、研究を積み重ねてきた。以下、この除本の研究に基づき被害とその対応について整理する[250]。

[政策の失敗がもたらした「ふるさとの喪失」の被害への対処策を考える]

「地域の価値」の特徴は、長期継承性と地域固有性である。避難によってこのような地域の価値が失われると、その被害は取り返しがつかないほどに大きいものとなる。

この地域、ふるさとの、具体的な構成要素には、土地･家屋、景観、コミュニティが挙げられる。土地・家屋は、都会人には金銭により補償できるものと映るかも知れない。だが、福島の被災地域では、土地や家屋は、先祖から引き継ぎ次世代に引き渡すものであって、単なる私的所有物と見なされるものではない。

これらのふるさとの喪失への対応は、地域の原状回復がまず求められる。それが困難な場合は、個人への補償を行うこととなる。

しかし、福島の場合、被災者が避難してふるさとの地域を離れてしまっている。そこで、地域の原状回復の代替措置として、町外にコミュニティをつくる、ふるさとと被災地の二重の住民登録の制度をつくってふるさとと住民をつないでいくなどの提案もなされてはいる。しかし、これらによってふるさとのコミュニティや景観が回復されるわけではない。

地域レベルでの補償が難しいとき、個人への補償が検討されることになる。土地・建物、景観利益、コミュニティ諸機能について、それぞれ金銭換算の手法はある。しかし、被害の中には金銭換算が困難な部分も多い。さらに、これら3者それぞれに係る金銭換算不可能価値のみではなく、これら3要素の一体性がもたらす価値も、また別にあるのである。「地域での日常生活を支える諸条件を奪われ…〔略〕…人々が積み重ねてきた営みの所産、それらの一体性」が、原発事故によって喪失してしまった、と除本は記している[251]。**4.1** 項で、家庭には文化資本が蓄積されていると指摘した。除本による「人々が積み重ねてきた営みの所産、それらの一体性」とは、池上惇がいう「地域文化資本」であると理解するとわかりやすい[252]。

[公害研究が教える「ふるさとの喪失」の被害対処策へのアイデア]

なお、除本は、宮本憲一などによる先行する公害研究からも、福島の事故の被害に対処するアイデアを引き出している。

まず、公害の被害への対応として、被害の実態・原因の把握・究明と、責任の明確化が重要であり、これは当然福島の事故にも当てはまる。

公害被害研究が教えてくれる、被害を受けたコミュニティの再生にとっての重要な洞察もある。すなわち、地域の発展のあり方を、維持可能・持続可能な内発的発展に転換していくことが大切だという点である。水俣では、外からやってきたチッソという大企業の城下町としての外来型開発が、公害被害をもたらし、コミュニティそのものを崩壊の危機に陥れた。そして、その復興、「もやいなおし」と呼ばれる水俣の人々自身の手によるコミュニティ再生を経験した。これは内発的発展の意味の重要さを明らかにした具体例である。

もうひとつ、救済の内容・方法を決める際に被害当事者が参加することが必要であるという点も、公害研究から得られた知見である。これは、復興のまちづくりにおいても当然に当てはまろう。

この、内発的発展による地域再生、および政策形成への被害当事者参加の考え方は、国などの被害対応推進主体の姿勢が「人間の復興」を目指すものであることを求めることにつながる[253]。「人間の復興」は、経済学者福田徳三が、関東大震災に関わって提起した復興の理念である。これに対置されるのが、道路や建物などハード面の復旧に重点を置く考え方で、「創造型復興」・「人間なき復興」などと表現されてきた。そのようなハード面の復旧はあくまで手段であり、復興の目的は人々の生活や仕事を再建することである、これが「人間の復興」の主張である。国などの事業主体がこのような考え方に基づいて復興を進めるとき、被害当事者の政策形成参加や、地域の人々による内発的な地域開発・まちづくりの発想も、自ずと生まれてくるであろう。

[政策の失敗がもたらした地域コミュニティの被害への対処のための３つの地域復興ルール]

以上、福島の原発事故に関わる「ふるさとの喪失」の被害とその対応について、研究の知見を確認してきた。これを参考に、政策の失敗が地域コミュニティに及ぼした被害一般に対する対応の考え方を３点にまとめておく。この３点はオーバーラップする。

まず、政策の失敗の被害の対応にあたる行政などの主体（復興推進主体）は、「人間の復興」を目的として復興を進めて行かなければならない。（地域復興ルール１）

次に、「人間の復興」の対象は地域の人々であり、地域の自然環境と社会環境（コミュニティ）の中で人々は生活してきたのであるから、復興推進主体は、そのような自然と社会から成る「地域そのものの復興」を念頭に置いて、取り組みを進めていかなければならない。（地域復興ルール２）

そして、そのような復興政策は、その対象である地域の人々の参画のもとに進められる必要がある。（地域復興ルール３）

さて、以上で、政策の失敗に対する「事前の対応＝予防」と「事後の対応」

を一般化できた。最後に、私たちの廃棄物処理施設の立地・建設の政策の失敗の例を想定して、その対応策について考えてみる。

5.4. 廃棄物処理施設立地・建設政策の失敗への対応の方策

[廃棄物処理施設立地・建設政策の失敗とはどのようなものか]

廃棄物処理施設立地・建設政策の失敗とはどのような例を言うのかが、まず問題となる。地域の人々の反対がありそれがいかに激烈であろうとも、予定していた施設が建設できることが政策の成功である、という見方もあろう。この立場では施設建設ができないことが失敗である。ここではこれは採らない。地域政策の目標は、市民と自治体地域の厚生の向上であって、行政組織の立てた計画の完遂ではない。政策において地域コミュニティと人々がマイナスの影響を受けた、これを政策の失敗とみなして考察する。まして、地域住民と行政、市民と行政の関係の損壊が、具体的に現象として明らかになったならば、その政策に問題があることは明らかであろう。

廃棄物処理施設を建設し、稼働したら、近隣に公害をまき散らすこととなった。これは明らかに政策の失敗である。だが、これもここでは取り上げない。廃棄物処理の技術は安定しており公害発生の懸念は大きくない。しかも、廃棄物処理施設は、自治体にとって100億円単位の高価な買い物である。地方自治制度による議会や監査等行政内部のチェックも良く効く。それでも公害を発生させる手抜き施設を建設するほどに腐敗した地方行政・政治の存在は、少なくともこの日本においては想定しがたいと信じるからである。

さてそうすると、住民の反対を無視して強引に廃棄物処理施設を強行した例が、ここでの考察対象となる。第1章の事例では、大阪市住之江工場がこれに該当する。

[廃棄物処理施設立地・建設政策の失敗に対する事前の対応策＝3つの予防ルール]

それではまず、「事前の対応＝予防」からみていこう。

「してはいけない政策は実施しない」、これが予防ルール1であった。これを廃棄物処理施設に当てははめると、「建設してはいけない施設は建設しない」となる。これは想定しにくい。過剰投資による無駄な施設（予防ルール2）にとどまらず、建設してはいけない施設とまでみなしうる廃棄物処理施設はなさそうである。完全なごみゼロ社会が実現して処理施設が全く無用となれば、あるいはそのような事態が生じるかもしれない。しかし、このような社会が近い将来に現実のものとなるとは考え難い。

予防ルール２は、「政策実施の必要性を吟味し、無意味な政策は実施すべきでない」であった。先に触れたように、「無駄な施設はつくらない」ということである。想定されるケースは２つある。

まず、ごみの減量やリサイクルを進めず、焼却処理にたよって廃棄物焼却施設を建設する、というような例である。これへの予防的対応は、ごみ減量・リサイクルの推進である。

もうひとつ考えるケースとして、将来のごみの増量を予測して施設を建設したら、想定したほどごみが増えなくて、施設がむだになる、というものがある。20 世紀のごみ増量が甚だしかった時代には、このような事態に至った自治体もあったようである。現在の日本ではもう起こりえないだろう。しかし、開発途上国では依然として大きな課題である。事前対策としては、将来のごみ量の予測の精度を高める、リサイクルなどの異なったごみ処理オプションを並行して計画していく、などがある。

実は、これは、予防ルール３「政策を実施に移すに当たっては、政策の効果や影響および政策遂行の進め方の適切さを十分に事前評価しなければならない」への、廃棄物処理施設立地・建設における事前対応策でもある。

このほか、予防ルール３としての廃棄物処理施設立地・建設政策の失敗の未然防止の対応は、第５章で詳述したように、事前の合意形成の手続きのステップを確実に踏んで政策を形成していくことである。そのステップのひとつとして、本章２節で取り上げた「ステークホルダーの認識・確定」のための努力も含まれる。

[廃棄物処理施設立地・建設政策の失敗に対する事後の対処策―３つの地域復興ルールの適用など]

次に、「事後の対応」である。

このうち、1直接被害と、2政策の失敗に対しとりわけ初動段階で見られうる追加的失敗による被害については、金銭賠償など、既述同様の一般的な補償策となる。

3の、地域社会にもたらす被害については、次のとおりとなる。

地域復興ルール１は、「「人間の復興」を目的として復興を進めて行かなければならない」であった。このルールを適用すると、「施設そのものは、目的ではなく、市民や地域住民の利用に供する手段である」、この認識に欠けていたという点を反省して、対応を進めていかなければならない、ということになる。

具体的な取り組みとしては、まず施設周辺のコミュニティの人々と対話を開始することである。施設運営・管理者として、あるいはもっと広く行政として、補償的にできることを進めていくということを意思表示し、話し合って、住民の意向に沿った対応を着実に実行することである。といっても、具体的に何を提供したらよいのかについては、一般化が難しい。よく見られる事例は、地域の人々が利用できる利便性のある施設を近隣に建設するものである。温水プールや浴場といった、ごみ焼却余熱を利用した施設はよく見受ける。とはいえ、ハードの施設提供に落ち着くというのは、いささか「人間」の復興らしくない。

地域復興ルール２は、「地域そのものの復興を念頭に置いて、取り組みを進めていかなければならない」というものであった。廃棄物処理施設建設問題が地域の反対運動を巻き起こすとき、水俣の事例と異なり、逆にコミュニティの活性化をもたらす例がけっこうある。しかし、これは長期的に持続するとは必ずしも言えない。住民側が行政に押し切られてしまって時が経過すると、そのようなコミュニティの熱気も冷めてしまう。とはいえ、公害問題のように、コミュニティが崩壊の危機に瀕するようなことはあまりないようである。

廃棄物処理施設における地域復興ルール２の適用としては、先の地域復興ルール１に関して例に挙げように地元住民に補償的措置の意向を行政が確認する際に、コミュニティ全体にとっての厚生向上を念頭においた対応が求められる、ということがいえよう。地域のボスだけの意向が優先され、あるいは声の大きい人々のみが潤うことのないよう、配慮されなければならない。コミュニティで議論が巻き起こることそのものがまず重要である。

その意味からも、重要なのは、地域復興ルール３である。「復興政策は、その対象である地域の人々の参画のもとに進められる必要がある」。地域への補償的措置を実施するならば、住民参加でその内容を決めるべきである。このほか、これまでの廃棄物処理施設立地の後の運営の複数の事例をみれば、建設した施設の運営委員会をつくり、住民参画による施設の運営を進めることが、住民にとっても行政にとっても大きなメリットをもたらすことは明らかである。これは、地域復興ルール２に当てはまる「コミュニティの活性化」にもつながるだろう。

ここまでの3つの章では、廃棄物処理施設建設をめぐる住民と行政の関係を見つめ直し、多くの事例の底に格差の問題が潜んでことを明らかにした。ここでの住民と行政をはじめ各種主体間の関係は、終章で論じるような、地域において政策を推進し、あるいはまちづくりに取り組む、住民・市民や行政などの各主体の関わり合いと、同様の性格を持つ。地域の取り組みにおいて、各主体間に、様々な基礎的能力の差異、それに基づく構想力の差異、そしてコミュニケーション力の差異がある。強い立場にある主体は、差異の存在を認識し、配慮して各主体と関係を結ぶことが大切である。

次章からは、このような差異のある主体の間に入って、格差を埋める役割を果たす、「第三者」について考える。

［注釈］

230 Sen, Amartya (1992). *Inequality Reexamined*. New York: Russell Sage Foundation.（池本幸生・野上裕生・佐藤仁訳（1999），『不平等の再検討：潜在能力と自由』、岩波書店）
Sen, Amartya (1999). *Development as Freedom*. Oxford: Oxford University Press.（石塚雅彦訳（2000）『自由と経済開発』、日本経済新聞社）

231 Fischer, Frank (1993). Citizen Participation and the Democratization of Policy Expertise: From Theoretical Inquiry to Practical Cases. *Policy Sciences*, 26, 165-187.
Harris, W.E, (1993). Siting a Hazardous Waste Facility: A Success Story in Retrospect. *Risk Analysis*, 13(1), 3-4.
Rabe, Barry G. (1994). *Beyond NIMBY: Hazardous Waste Siting in Canada and the United States*. Washington, D.C.: The Brookings Institution.

232 Bradshaw, Ben (2003). Questioning the Credibility and Capacity of Community-based Resource Management. *The Canadian Geographer*, 47(2), 137-150.

233 原科幸彦編著（2005）『市民参加と合意形成―都市と環境の計画づくり―』、学芸出版社

234 developmentの訳語として「人間開発」を用いる。国連のHuman Development Index（人間開発指数）などの用例による。この例ではdevelopmentは「開発」である。しかし「開発」だと国土開発、森林開発などにおける意味と重ね誤解を生む恐れもあるため、あえて「人間開発」とした。

235 Hirschman, Albert O. (1970). *Exit, Voice, and Loyalty: Responses to Decline in Firms, Organizations, and States*. Cambridge, Mass.: Harvard University Press.（三浦隆之訳（1975）『組織社会の論理構造――退出・告発・ロイヤルティ』、ミネルヴァ書房、矢野修一訳（2005）『離脱・発言・忠誠――企業・組織・国家における衰退への反応』、ミネルヴァ書房）

236 US EPA (United States Environmental Protection Agency) (1996). *Community Advisory Groups: Partners in Decisions at Hazardous Waste Management.*

237 有害廃棄物が埋め立てられた跡地に建設された住宅地の全住民が漏出する有害物質のため移住を余儀なくされたラヴカナル事件（ニューヨーク州ナイアガラフォールズ）は1970年代の米国を震撼させ、連邦政府はRCRA法、総合的環境対策・補償及び責任に関する法律（CERCLA、スーパーファンド法）により規制に乗り出した。RCRA法のもと、有害廃棄物が適正管理されていないサイトとして約15,000がリストアップされた（Greenberg, Michael R., Anderson, Richard F. (1984). *Hazardous Waste Sites: The Credibility Gap*. New Brunswick, N.J.: Center for Urban Policy Research, Rutgers University.）。この対策をめぐって各サイト地元のあちこちで紛争が生じた。EPA資料には、CAGによるこの問題の解決の成功例として、ハリス・カウンティ（テキサス）、チェスター・カウンティ（サウスカロライナ）、ゴールデン（コロラド）、ジャスパー・カウンティ（ミズーリ）、ホリウッド（メリーランド）の事例が紹介されている（US EPA. *op. cit.*）。

238 苅谷剛彦（2001）『階層化日本と教育機器―不平等再生産から意欲格差社会（インセンティブ・ディバイド）へ』、有信堂高文社
松岡亮二（2019）『教育格差―階層・地域・学歴』、筑摩書房

239 Sen, Amartya (1992). *op. cit.*、Sen, Amartya (1999). *op. cit.*

240 Sen, Amartya (2009). *The Idea of Justice*. London: Allen Lane.（池本幸生訳（2011），『正義のアイデア』、明石書店）

241 橋本健二（2021）『東京23区×格差と階級』、中央公論新社

242 Rawls, John (1971). *A Theory of Justice*. Cambridge, Mass.: Harvard University Press. ((1999). revised edition.)（初版：矢島鈞次監訳（1979）『正義論』、紀伊國屋書店、改訂版：川本隆史・福間聡・神島裕子訳（2010）『正義論』、紀伊國屋書店）

243 ただしロールズは、「原初状態」において社会契約を締結する当初から、人々は理性的（reasonable）でもあるとしているようにも受け取れる。とすれば、自身が「最も恵まれない人」となるという利己的懸念から弱者のケアに合意するのではなく、単に理性的（reasonable）な判断の帰結として弱者の福祉に合意するのだ、とするのが彼の主張であるとも考えられる。それならばしかし、少なくともこの事例に限っては、あえて人々に「無知のベール」をかぶらせる必要はないのではないか。

244 以上、福島原発事故独立検証委員会（2012）『福島原発事故独立検証委員会調査・検証報告書』、ディスカヴァー・トゥエンティワン

245 淡路剛久・吉村良一（2018）「福島原発事故被害の現在と被害回復の課題」（淡路剛久監修・吉村良一・下山憲治・大坂恵里・除本理史編『原発事故被害回復の法と政策』、日本評論社、pp.1-11）

246 同書、p.1

247 植田和弘（2013）『緑のエネルギー原論』、岩波書店、p.171

248 同書、p. v

249 同書、p. ix

250 除本理史（2016）『公害から福島を考える』、岩波書店

251 同書、p.73

252 池上惇（2020）『学習社会の創造―働きつつ学び貧困を克服する経済を』、京都

大学学術出版会
池上惇（2022）「現代産業における融合と分業―工場法・公害防止法・循環促進法を手掛かりとして」（総合学術データベース、時評欄（70）2022.2.3）

253 以下、除本理史（2015）「不均等な復興とは何か」（除本理史・渡辺淑彦『原発被害はなぜ不均等な復興をもたらすのか―福島事故から「人間の復興」、地域再生へ―』、ミネルヴァ書房、pp.3-20）

第Ⅲ編

協働を促進する
第三者の役割と課題

内なる視座と主体形成

『広辞苑』によれば、第三者とは、「当事者以外の者。その事柄に直接関係していない人」である。本書で使用してきた用語を使うと、「ステークホルダー以外の者」ということになる。

第Ⅲ編では、廃棄物処理施設の建設の事例のような紛争の解決の仲介し協働を育む第三者、第Ⅱ編で取り扱ったステークホルダー間の格差を緩和・寛解・解消に向かわせる第三者について論じる。さらに、公共政策の形成や推進、あるいはまちづくりにおいて、ステークホルダーの立場に立つ人々が、同時に第三者の意識を持ち続けることの意味について考える。

第７章は、住民と行政などの、ステークホルダーの間を仲介する第三者の役割を中心に、事例を交えて考える。

第８章は、心の中に「公平な観察者」としての第三者を宿らせることを、公務員などの読者に推奨する章である。

第7章
海外における第三者機関の実像と日本における普及の展望
ステークホルダー等の支援と紛争解決の仲介の役割を中心にして

この章では、社会において活躍する第三者の事例を、紛争を仲介し、あるいは社会的弱者支援の役割を担うものを中心に、紹介する。これらを通じて、読者は、第三者とは何かにつき具体的にイメージを抱けるだろう。

また、ここで紹介するアメリカなどで活躍するような第三者機関の、日本における普及を展望する。

1. 第三者の機能としてのメディエーションの事例

メディエーション（mediation を先行文献にしたがってこう表記する）とは、公平な主体による交渉や紛争への介入をいう[254]。3節で詳述するように、アメリカでは、すでにメディエーションを担う団体・組織が存在してさまざまな紛争の仲介を行っている。

この節では、紛争を伴わない、社会的弱者の自立支援のための関与も含めて広くメディエーションととらえて、その事例をいくつか紹介する。これらは、仲介者、メディエーターの役割・機能を具体的にイメージさせてくれるであろう。

1.1 社会的弱者への支援介入としてのメディエーション

① アイルランドの地域組織による弱者支援

サウスサイド・パートナーシップ（Southside Partnership）は、ダブリンにある、アイルランド政府のコミュニティ・サポート・フレームワーク（the Irish Government's Community Support Framework）に基づく支援を受けて運営されている地域パートナーシップ組織のひとつである。国行政庁などの法定機関、地方議員、労働組合、経済団体、NPO や住民組織の代表で構成されている。この組織は、ダブリン内の担当エリアにおいて貧困の撲滅や弱者の社会統合のための活動を行っている。経常的に地域の社会的弱者居住区の人々のコンサルテーションや能力開発を進め、地域の人々の参加のもとに、教育、居住環境や住宅の改善、地域暴力問題の解決、防犯などに取り組んでいる。[255]

② 米国のアドヴォカシー・プランニング

市民権運動（公民権運動）を経験した米国おいて、都市計画プランナーが当該地域の特定の階層の人々（一般的に社会的弱者）とコミュニケーションを保ちながらこれらの人々の利益や権利を代弁して都市計画に反映させることが唱導された[256]。アドヴォカシー・プランニング（advocacy planning）と呼ばれる。アドヴォカシー・プランナーとは、職業人としてのプランナーの、仕事に対する姿勢、クライアントとの関係の認識、職業倫理のような、いわば規範と実践ガイドを兼ねたアイデアである。民間会社のプランナーがこの理念を体することが期待された一方、政府に雇用されているプランナーもこの考え方から排除されたわけではなかった。

1.2. 大学によるメディエーション

① ワシントンの地域交通問題解決のメディエーション

米国ワシントン首都圏は、メリーランド、ヴァージニア、ワシントンD.C.の3州、連邦政府直轄地区、カウンティや地方政府といった政府（governments）が35ある。

この地域では、とりわけ交通問題対策が、土地利用や地域環境汚染などの問題解決の観点から重要とされてきた。政府間機関であるワシントン首都圏政府委員会（the Metropolitan Washington Council of Governments）が組織されており、このもとに交通対策を担当する首都圏交通政策計画会議（the National Capital Region Transportation Policy Planning Board）も設置されていた。

しかし、このような多くの政府と、加えて様々な住民団体や経済団体がステークホルダーとして絡まり合って、動きがとりにくいことから、問題解決のための具体的なアクションは起こされないままであった。

そこで、ジョージ・メイソン大学の紛争分析解決研究所（the Institute for Conflict Analysis and Resolution）の大学院生がステークホルダー諸機関のリーダーたちのインタビューに乗り出した。このインタビューによって問題意識や問題解決の必要性の認識などが確認された。

ジョージ・メイソン大学紛争分析解決研究所研究チームは、このアンケート結果を首都圏交通政策計画会議に持ち込み、交通計画のための関係機関協働による検討を提案した。

紛争分析解決研究所は、自ら属するジョージ・メイソン大学と、同じく首都圏にあるメリーランド大学が、地域のリーダーたちの協議の場を提供することを検討した。しかし、このような党派性の強い政治的問題に大学が関わることはリスクが大きいと判断されるに至った。

このため、実際にステークホルダーが顔を合わせて議論する場を設定することに代えて、政府、住民団体、経済団体の有力者にデルファイ法に基づく個人インタビューを重ね、ヴァーチャルな議論を展開することとした。インタビュー対象者に意見を聴くべき新たな対象者を挙げてもらい、最終的に89団体に属する人々を調査の対象とした[257]。この結果、解決に向けた手段・方策（安全で効率的かつ環境を改善する交通システム改革の必要性や関係諸団体等のコラボレーションと政治的決断の重要性など）や、誰が合意形成をリードするべきかについての考え方（州政府という意見が多数）などの点において、合意が形成されうる見通しがあることが明らかになった。[258]

② 米国のたばこ農業振興と健康増進に関するメディエーション

たばこ農家と公衆の健康を推進しようとする人たちは、後者はたばこによる健康被害を声高に問題にするから、明白な対立関係にあるだろうことは想像に難くない。この事例は、メディエーションによってコミュニケーションと理解が進み、「健康増進」と「たばこ栽培地元農家の保護」を双方協同で政策提案するに至るという、興味深い展開を見せる。

［仲介の開始］

ヴァージニア大学健康サービス財団（the University of Virginia Health Services Foundation）に所属する良質健康研究所（the Institute for Quality Health）は、ヴァージニアにおける利害関係を伴うたばこの問題の解決のため、ヴァージニアたばこコミュニティ・プロジェクト（the Virginia Tobacco Communities Project）を立ち上げた。

良質健康研究所は、同じくヴァージニア大学の環境紛争解決研究所（the Institute for Environmental Negotiation；メディエーションを専門とする団体）のファシリテーター達に参加を求めた。

ファシリテーターは、たばこ農家、農業関係者、大学研究者、政府機関その他関係機関の参加を図るため、別に存在していたたばこ農家支援のための代替策検討合同法制調査委員会（Joint Legislative Study Committee on Alternative Strategies for Assisting Tobacco Farmers）の会合に参加して、たばこ農家などこの委員会参加者と個別に接触する機会を持った。

ファシリテーターは、その後、ヴァージニア・ラウンドテーブル・ミーティングを4回開催した。最初は、たばこ農家も健康推進主導者もほとんど発言をしなかった。しかし、経済学者などの専門家がたばこ農家の現状や将来の課題をプレゼンテーションして示していくにしたがって、次第に参加者が認識を共有するようになった。

次いで、ヴァージニアたばこコミュニティ・プロジェクトの活動を周知するため、60人ほどが参加したタウン・ミーティングを開催した。ここでは、たばこ農家の生産とマーケティングの改善、たばこと合わせて生産できる農産物事業、小規模たばこ農家のファイナンス確保の必要性などが議論された。

[和解のきざし]

やがて、ヴァージニアたばこコミュニティ・プロジェクトにおいて、立場を超えての認識の共有がみられるようになった。アメリカのたばこ大メーカーが推進しているたばこ農業生産の国際化に伴う競争が進む中で米国内のたばこ農家が厳しい経営環境に置かれてきていることや、たばこによる健康被害への懸念の世論が持続・拡大しているといった実態についての認識である。

たばこ農家とっての利害は投資に対するリターンにあるのであって、生産量制限や下限価格支持は必ずしもたばこ農家の利益に反する政策ではないことも、たばこ農家に理解されるに至った。

こうした中、アメリカ癌協会（the American Cancer Society）主催で「たばこと健康」と題する3日間の会議が開催され、この議論より地域たばこ農家がかかえる問題に対する健康推進主導者たちの理解が広がった。

このような状況にあって、ヴァージニアたばこコミュニティ・プロジェクトの活動地域を拡大した南部たばこコミュニティ・プロジェクト（the Southern Tobacco Communities Project）が立ち上げられた。この場において、たばこ農家、健康推進主導者などのステークホルダーの建設的な関係を築き上げる努力が重ねられた。

[協働へ]

やがて、固定メンバー（たばこ農家・研究者・コミュニティ開発行政担当者・健康推進主導者）によるラウンドテーブル会議が持たれるようになった（14回開催）。この場において、たばこ農業が代々継承されてきた地域に根差した産業であることを知った健康推進主導者の中から、地域コミュニティ保護の観点に立ってたばこ農家を支持する意見が出されるようになった。たばこ農場ツアーも開かれるなどして、理解はさらに深まっていき、最初の基本政策ステートメントがまとめられるに至った。ここでは、たばこ葉生産制限、たばこ葉最低価格保証、たばこ農業のための地域基金の創設、たばこ製品の青少年のアクセス禁止のための法制化の必要性などが提案された。

たばこ農家は、たばこから青少年の健康を守る必要性を理解し、ここで初めて、たばこ大メーカーのこの問題に対するかたくなに反対し対立するスタンスから袂を分かち、たばこ健康政策に同意する姿勢を示した。健康推進主導者も、たばこ大メーカーが推進する世界の安価なたばこ葉の輸入がたばこの普及を拡大し健康被害を広げること、この意味で、地域農家を保護してたばこ葉の生産（量）を地域でコントロールすることは健康問題解決の観点からもメリットがあることを理解した。

この活動の結果、ヴァージニア州は、たばこ農家の保護とたばこ健康を推進するために活用する基金を造成する州法を成立させた。

さらに活動は進んで、ビル・クリントン大統領のもと、たばこ農業地域経済機会向上と公衆健康増進のための大統領委員会（the President's Commission on Improving Economic Opportunity in Communities Dependent on Tobacco Production While Protecting Public Health）が設立されるに至った。[259]

③ アメリカの大学の特徴と日本での展望

以上、大学によるメディエーションは、一定の配慮を加えれば、日本における大学の社会へのアウトリーチにも適用可能である。

ここで紹介した二つの事例は、いずれもアメリカの大学によるものである。タルコット・パーソンズら[260]によれば、アメリカの大学のあり方は、フランスや日本、ソ連（当時）のように文部科学省のような中央政府機関が高等教育の方向を大学に示して指導し財源措置するというスタイルではなく、社会各層のサポートが大学を成り立たせている。このため、その時々に社会各層が直面する政策的社会的課題に取り組む研究が充実している。

したがって、大学内部においても、各学部や大学院が専門特化して独立分化することを志向せず、社会的ニーズをテーマとした研究ユニットが設置されていく研究組織体制が顕著である[261]。

また、大学が外部、社会に対して開かれていて、社会人の教育や研究への参加も盛んである。一方、学外のコミュニティや社会の活動への大学研究者の参加もよくみられる。

アメリカの大学教育・研究の特徴は、専門の束（bundle）にあり、これが、社会的政策的研究課題に対応できるとともに開かれた教育を進めることができる、一言でいうならば総合性という強みにつながっていると、彼らは指摘している[262]。

このようなアメリカの大学の特徴から判断すると、日本の大学がメディエーションの役割を担うためには、大学によっては大学全般の教育・研究体制の改革から始める必要があるかも知れない。少子化時代の大学の存在意義—社会に開かれた大学—について改めて考えることが求められよう。

1.3. 国際NGOによるメディエーション— ガーナの鳥獣保護区の事例

ガーナのグレーター・アフラム平原（the Greater Afram Plains）のSekyere西地区（Sekyere West District）にあるKogyae Strict自然保護区（the Kogyae Strict Nature Reserve）では、鳥獣保護担当国家政府職員と保護区辺りに居住する部族民との間でトラブルが絶えなかった。

現地に住む人々の中には、保護区指定がされる前からこの地に居住していた部族や、砂漠化の進展でここに移住してきた部族がある。この人たちは焼畑農業を営み、保護区の自然に影響を及ぼしていた。

地域の大部族長が、かつて自身が住民たちに利用を許可していたこのあたりの土地を国政府の野生生物部（上記保護担当職員が所属）に売却し、この事実を住民たちが認識してないことも、紛争に拍車をかけていた。

なお、この保護区には密猟者が出没し、これが野生生物の減少の原因となっていた。

一方、NGOのワールド・ビジョン（World Vision）が、この地において住民たちが飲料水のための井戸掘りやカシューの栽培をすることの支援活動をしていた。

ある時鳥獣保護職員が、住民が保護区内で使っていたトラクターを押収し、この住民が職員を恐喝して逮捕される事件が起こって、住民たちは自分たちの居住地域に鳥獣保護職員が立ち入ることを実力阻止するに至った。

ワールド・ビジョンは、この事態を重く見て、現地のコーネル大学連携上級研究者（a Cornell Senior Extension Associate）に相談した。この研究者は、すべてのステークホルダーが参加するワークショップの開催を提案した。メディエーターにはワールド・ビジョンが適任とされた。

対立する住民たちと鳥獣保護職員のほか、行政関係者など70人ほどのステークホルダーが集まり、食事も共にして5日間のワークショップが開催された。メディエーションあるいは紛争解決会議（conflict resolution meeting）と名付けずワークショップと呼んだのも、参加者ができるだけ対立感覚を持ち込まずに参加できるようにするための配慮であった。

ワークショップのあと、小さなトラブルが続いたものの、住民たちが環境にも配慮しつつ生活を続けながら、鳥獣保護職員も安全に密猟者対策活動を進められる状況がもたらされるに至った。

かつて地区長（District Chief；地域行政組織の長）が居住区を訪問して住民たちに会合参加を呼びかけたときには住民は1人も会場に姿を見せなかった。NGOのもつ第三者性（この事例の場合、とりわけNGOから支援を得ていた住民から、このNGOが住民に敵対するような利害を有していないと認識され信頼されていた）と、優れたメディエーション技術（ワークショップ運営）が、良好なコンフリクト・マネジメントにつながったと評価されよう。[263]

2. 紛争を伴わない公共的取り組みに第三者がかかわる事例

ここまでの事例の多くは、しばしば紛争に至る二者関係とそこにおける第三者の役割に焦点を当ててきた。一方、紛争を伴わない二者関係において第三者が重要な位置づけを持つことも多い。これについてここで触れておきたい。

[ソーシャル・イノベーションを促進するエージェント]

E.M.ロジャーズ[264]は、地域や社会の問題を解決するための変革の機動力となるイノベーション（ソーシャル・イノベーション[265]）の課程において活躍する第三者を「チェンジ・エージェント」と呼んでいる。チェンジ・エージェントは、「①変化に対するニーズを高める、②情報交換する関係を構築する、③問題点を突き止める、④変化したい気持ちをクライアントに起こさせる、

⑤変化したい気持ちを行動に変える、⑥採用を安定させ、中断を未然に防ぐ、⑦関係を終結させる」といった役割を担うとされる[266]。

広瀬幸雄[267]は、地域のボランティア・グループが、家庭の空き缶・あきびんなどの資源をごみと分別してリサイクルする仕組みの普及を企図し、チェンジ・エージェントとして活動して、最終的に地域の町内会の実施するシステムとしてこれを定着させた事例を紹介している。

[芸術・文化における仲介エージェント]

第三者としてのエージェントの役割について文化経済学の分野で着目したのがケイヴズ[268]である。例えば、著述家が出版社を求め出版社が出版物の著者を探すときその間で仲介するエージェントが存在する。無数の作曲家の著作権を管理しこれまた無数の演奏機会における音楽の使用料を管理するのも第三者であるエージェント団体である。絵画や彫刻などの美術作品を制作する芸術家とその作品の需要家を結ぶ役割を担うエージェントもある。クラシック音楽の演奏家の卵を引きたてて活躍の場に繋ぐエージェントも存在する。このほか映画制作のおける様々なアクターをコーディネートするエージェントについても言及がある。いずれも、個々の直接当事者間に大きな情報のギャップが存在することから、エージェントが求められることになる。これらの文化の事例においては、政府と市民との関係の事例のように情報が特定の主体（行政）に集中するのではなく、アクターそれぞれの持つ情報がアクターと共に点在して自然・自由に流通しにくい状況が存在している。

以上のように、私たちの周りには、第三者が重要な役割を担いうる機会が多々ある。そしてアメリカでは、紛争に至る可能性のある公共政策や地域づくりにおいて、ステークホルダーの間に入ってメディエーターの役割を担う第三者機関が、すでに存在し、活躍している。次節で詳しく紹介する。

3. 現代の米国におけるメディエーションの定着

3.1. 現代の米国におけるメディエーションの定着

アメリカ合衆国においては、紛争メディエーションを実施する機関が存在している。その機関には、Concur（1987設立）など民間会社、CDR（Creative Dispute Resolution；1986）、CBI（Consensus Building Institute；1993）などのような非営利組織のほか、USIECR（U.S. Institute for Environmental Conflict Resolution；

1998；連邦政府の組織）、MODR（Massachusetts Office of Dispute Resolution；1985；マサチューセッツ州政府の機関）といった政府系組織もある[269]。

OS（Oregon Solutions；2001）の場合、州知事の指示により設立され、発足当初は州知事室直轄の州政府機関であった。のちに、ポートランド州立大学内のNational Policy Consensus Centerが運営するプログラムとなった。現在は、非営利団体であるPolicy Consensus Initiativeとポートランド州立大学が提携して運営している[270]。

アメリカのメディエーターは、各機関が名簿を作っていてそこに登録されている専門家である。各機関はメディエーター行動基準も作成している。メディエーターのトレーニングの仕組みもある。

メディエーション機関がメディエーションにかかわる段階としては、1紛争予防の段階、2意見の不一致、反対運動等があった段階、3訴訟や抗告があった段階、4施設などの供用後の段階がある。4では、供用前に合意して策定された解決案の履行のモニタリングの役割が大きい。

メディエーションを行うにあたり、中立性の確保がまず重視されている。そもそも、メディエーターが中立性を欠く行動を取るとその後の仕事受注に不利になるという現実が、メディエーターに中立性を強く意識させる。中立性確保の方策としては、メディエーターを参加者の合意の下で選ぶ、複数のメディエーターでチームを構成する、各ステークホルダーがそれぞれメディエーターを推薦してチームを構成する、などの対応がなされている。

なお、メディエーションの開始にあたっては、行政の発議が多いという。

また、メディエーション組織は、ステークホルダーのアイデンティフィケーション[271]の役割も担っている。だれがステークホルダーとして合意形成にかかわるべきかを確認するのである。この作業は、メディエーション開始にあたって紛争の評価をするため関係する団体の人々にヒアリングする際に、いわば芋蔓式にステークホルダーの相関チェーンを探り出すことによりなされるという。[272]

3.2. 米国以外におけるメディエーションの定着の例

いま、米国で、主として市場を介してメディエーションが定着している状況を確認した。

それでは、米国以外において、メディエーションがしばしば見受けられる国はないのだろうか。インターネットで「mediation」を検索してみると、それなりの量の情報に接することができる。例えばウィキペディア(英文)は、かなりのボリュームを「mediation」にあてている。さまざまな国でメディエーションがなされているように見える。

しかし、よく確認すると、多くは日本でADR（裁判外紛争解決手続）として取り組まれているものであることがわかる。つまり、私人間の紛争解決の仲介なのである。具体的に述べれば、企業間、労働者と企業、家族や親族同士、地域の住民対住民、といった、民・民の紛争に、第三者が介在して、訴訟に持ち込まずに紛争を解決する仕組みである。

一方、本書で取り上げているのは、公共政策をめぐる紛争である。そして、一方のステークホルダーが行政機関である例が非常に多い。そのような例については、意外に情報が少ないのである。

ここでは、メディエーションを取り扱った論文や著作の中から、ここでのテーマに近い公共政策のメディエーションがなされている国を紹介する。米国ほどには定着していなくとも、メディエーションが時に見受けられる国を取り上げる。

[カナダ]

ローズらは、カナダの事例を取り上げている[273]。地域の自然環境の保全についての合意形成におけるメディエーションが紹介されている。

ここでは、カナダにおけるメディエーションの担い手として、「私企業デベロッパー」、「州（province）関係機関」、「地方政府（the local municipality）」、「環境団体」（NPO）、「地域住民団体」があげられている。著者の１人（ローズ）も、「a community mediation organization」であるHardy Stevenson and Associates Limitedに所属している。ホームページによれば、同社は、企業など私人以外に、州など「広域政府(governments)」や「地方政府(municipalities)」もクライアントとしている[274]。

このように、カナダでは、米国同様、メディエーション団体が存在する。カナダは、北米大陸でアメリカと隣接し、アメリカに近い政治文化を有するゆえ、メディエーションがよく見られるのだとも解釈できよう。

[英国と西欧など]

英国にも、メディエーション団体が存在する[275]。ブールらの文献は、いくつかの団体についてその活動範囲を解説するとともに（pp.252-273)、89団体のリストを掲載している（pp.542-554）。しかし、2001年出版の同書執筆時点において確認できた「政府・公共セクター（the Government/public sector）」によるメディエーションの利用は、全体の5％と、それほど多くない（p.339）。

なお、同書は、オーストラリアとニュージーランド、そしてカナダ・オンタリオ（上述参照）においてメディエーションがなされているという記述がある（pp.353-354）。そのうちオーストラリアでは地方政府（「local authority」）が自組織内メディエーターを活用したと記されている。

同書はさらに、ヨーロッパ大陸でもメディエーション団体が存在するとして、オランダ、ルクセンブルク、フィンランド、イタリア、スペイン、デンマーク、ドイツ、ベルギー、オーストリア、ギリシャ、スウェーデンの各国を挙げている（pp.258-259）。しかし、その団体としては商工会議所が多く、政府がかかわる公共政策にかかるメディエーションがなされているのかどうかは確認できない。

［中国］

リ（Li）は、中国の事例を取り上げている[276]。先行研究を整理しながら、政府がめいわく施設立地政策を推進する際に採る対応姿勢をタイプ分けして、そのひとつにメディエーションをあげている。メディエーションは、「公共セクターの機関のみならず、独立私的セクター」も担う、とする（p.192）。

「独立した第三者機関として機能し、異なったアクターの相互交流（interaction）を促進する（facilitate）ルールをデザインする、地方政府」が、メディエーターの１例とされる（p.195、表1）。ただし、これは理論上の例示とも読み取れる。このような地方政府機関が実際に中国に存在するという記述はない。

この論文は、北京の海淀区に計画された柳里屯廃棄物焼却発電所の立地反対運動の事例を紹介している。施設は北京市政府が建設を計画し、予定地周辺住民が反対して、結局、施設建設地が変更された。この過程で、以下のとおり第三者が登場する。ここから、中国のメディエーターがどのような主体と想定されているのか、ある程度イメージすることができる。

この事例での大きな第三者アクターは、現・生態環境省（論文の事例が起こった期間は、まず国家環境保護局（SEPA）として登場し、中国の機構改革で環境保護省（MEP）となった）である。住民のクレームを受けて状況を確認し、北京市政府に対し、住民の意見を聞くようプレッシャーをかけた。これにより、また、北京オリンピックが近いことも手伝って、北京市政府はいったん矛を収めた。

もうひとつの第三者アクターとして、市民活動家が介在する。この人たちは、常時、市民などのニーズを汲んで、市の行政諸部局に出入りしている。市職員と顔見知りになっているという。このケースでは、反対する住民たちとのフェイス・トゥ・フェイスの対話を北京市政府に働きかけた。この人たちは、メディエーターというよりも、地方政府に住民の情報を伝達する役割を担うパイプ役、と評価したらよいだろう。

しかし、この論文の著者は、この事例において、北京市政府がメディエーションを積極的に受け入れる姿勢を採った、とはみなしていない（p.204）。北京市政府は、当初の計画を断念し、新たな用地に建設することとした。これは、北京市政府が住民との対話を通じて政策を協働で形成した結果ではない。つまるところ、対立において、住民が闘争に勝利した。一方の北京市政府も、焼却施設の建設そのものは他の場所において可能となったので、実を取ったのだ、という評価である。ちょっといびつなウィンウィンである。

ちなみに、周辺地域の住民がずっと少ない新たな用地においても、やはり反対運動が起こった。なんと、北京市政府は、住民全員を、同意が得られる場所にコミュニティ丸ごと移住させてしまうことにより、問題を解決したという。

[NGO によるメディエーション]

最後に、途上国においてメディエーターの役割を国際 NGO が担っている事実を再確認しておく。

ピアースらは、ボリヴィアでの、森林開発を主張するステークホルダーたちと森林地区住民の生活を優先するステークホルダーたちの対立における、国際 NGO によるメディエーションの事例を紹介している[277]。

1.3 項においても、ガーナでのメディエーションの事例を取り上げた。ここでも、国際 NGO がメディエーターの役割を演じていた。

ボリヴィアの事例のピアースらは、先行研究を整理しながら、「場所」（place）がメディエーターの役割を担うと、象徴的に論じている。これは、各ステークホルダーが場所（コミュニティ、市町村、国など）の感覚を共有するとき、合意形成が期待できる、という意味である。

これら２つの事例はいずれも、第三者である国際 NGO が、地域において継続的に活動していて、ステークホルダーと「場所」の感覚を共有していた。域外から参入してきたアクターがメディエーターの役割を担いうるためには、まず、このアクターが“よそ者”から“みうち”に変化していることが重要と言えそうだ。

[各事例の日本のおける適用]

以上の各事例を、日本における先例となりうるかという観点から評価してみよう。

カナダの事例は、アメリカの事例と同様のタイプに属する。英国、オーストラリアなどの、アングロサクソン系文化の影響が大きい各国も、同じである。日本において、これらの国のように市場がメディエーションを提供する可能性ついては、次節以降検討する。

中央政府が第三者として地方政府に「圧力」をかける中国の事例は、補完性の原理に基づき地方自治の推進に努めてきた日本において、適用はなじみにくいだろう。

また、国際NGOが世界において重要な働きをしていることは確認できた。しかし、このようなNGOは、途上国がその活動の主たる場であるといえよう。

ただし、水俣などで、公害問題の解決のため、外部の市民や研究者が支援のため地域に入った。原発事故の後の福島においても同様である。このような域外者も、「場所」の感覚を地域の人々と共有するようになれば、メディエーターの役割を担いうることを、さきの国際NGOの事例は教えてくれる。

なお、ヨーロッパ大陸の各国については、公共政策にかかるメディエーションの実態が確認できず、今後の調査の課題としたい。

4. 日本におけるメディエーションのための社会的基盤創設の展望

4.1. 社会的基盤の先例である市場の評価

とりわけアメリカではメディエーション機関が普及し、公共的企画や事業の合意形成を円滑に促進する役割を担っていることをみてきた。日本においても、何らかのかたちで紛争メディエーションのための社会的基盤が確立することが、公共的問題をめぐるコンフリクトを抑制するため望ましい。本節ではこの可能性を展望する。

アメリカにおける公共政策にかかるメディエーション・サービスの提供は、市場においてなされている。

『広辞苑』によれば、市場とは「相互に競合する無数の需要・供給間に存在する交換関係をいう」とされる。これは経済理論上の完全競争市場であって現実には需要者も供給者もその数は限定される。とはいえ、市場の性向から、健全な市場は、需要、供給へのアクターの参入がオープンであり、多種多様な需要者、供給者が集いやすいということは間違いない。

メディエーションの場合、需要する者ができるだけ多くのメディエーション機関の選択肢を持てることは望ましい（4.2項参照）。市場は原則的に多数・多様な供給者の参入の場を提供するものであるから、メディエーション・サービスが市場で提供されることはこの観点から歓迎すべきことと考えられる。

ただし、メディエーション・サービスの市場による提供に関しては、問題点・課題もある。

市場において提供されるサービスの品質について考えてみよう。アメリカにおいては、市場競争が、メディエーション機関の品質の維持・向上を担保する役割を果たしている。しかし、市場においては、求められる品質に達したサービスの提供がなされない状況も想定されうる。その際需要者側の品質評価能力が課題となる。これについては4.3.②で検討する。

別の問題もある。メディエーション・サービスは公共性を有し、紛争の解決という成果を超えて外部経済効果をもたらす。例えば、メディエーション機関はステークホルダーたる住民たちをエンパワーメントし、高まった自治力は地域で持続する。これなど外部効果の最たるものである。このような外部性に対する対価をメディエーション機関がクライアントから十分回収できるとは限らない。したがって、純粋に利潤追求のみを動機とするアクターはこのような市場への参入に魅力を感じないだろう。これは供給量の不足に帰結する懸念を内包することを意味する。

そもそもメディエーション・サービスは、私的財としては、問題を抱えている。すなわち、いま述べた外部性ゆえの費用に見合うコスト回収の実現への懸念に加え、市場性不安ゆえの初期コスト回収の可能性への懸念など、設立当初の投資へのハードルが高い。しかし、いったん設立され、多くの利用者が現実に存在するとわかれば、競争する事業者が次々参入してくることにもなりうるのである。最初に設立を企てる事業者は、リスクを引き受け、市場開発コストを投下しても、後発参入者にその市場を容易に奪われてしまうおそれも大きい。

以上のような事情で、健全なメディエーション市場の成立がすぐに期待できないときには、市場形成の初期段階においてはこれを一種の公共財とみなして、公共関与によるメディエーション機関の創設も視野に入れる必要がある。

4.2. メディエーションのための社会的基盤に求められる条件

メディエーションのサービスを提供する社会的基盤に求められる条件とはどのようなものだろうか。

極論を許すならば、どのようなトラブルや紛争も公平・公正にステークホルダーが納得できるかたちでメディエートしてくれる機関であれば、それ一つだけが存在すればよいことになる。唯一絶対の神に帰依する信者のみから成る世界であれば、そのようなことはあり得るだろう。そもそもそのような社会では、メディエーションは無用である。しかし現実には同一宗教の中でさえコンフリクトが絶えない。まして、多元的相対的な価値観が渦巻くこの民主主義の社会にあって、完全な情報とその処理能力を有しすべての需要者のニーズに応え得る唯一のメディエーション機関の存在を求めることは、無いものねだりというべきである。それぞれの得意分野があっておかしくない。

そこで、先にも述べたように、複数のメディエーション機関が存在して競い合い、需要する側の選択肢が多いことが望ましいということになる。すなわち、メディエーション機関が複数、できれば多数存在することが、メディエーションのための社会的基盤に望まれる一つ目の条件である。

第二の条件は、質の確保である。メディエーション結果が、公共政策の動向や、場合によっては社会的弱者の処遇に大きく影響するのであるから、安かろう悪かろうのメディエーション機関の存在は社会に有害である。

需要サイドの立場から望まれるメディエーションの品質は、1中立・公正・公平であること、2メディエーション技術に優れていること、3ステークホルダーたる住民も負担できる価格（つまり廉価）でサービスが供給できること、とまとめられる。3は、品質とは言い難いけれども、質を論ずる以前の前提条件といえる。一見するだけで、市場が以上の需要者の求める品質を同時に保証してくれるとは必ずしも言えなさそうだと直感できるだろう。

上記をまとめれば、メディエーションのための社会的基盤に求められる条件は、ひとことで述べれば、需要者が負担できる価格における、供給者の量と質の確保ということである。

4.3. 日本におけるメディエーション基盤創出の課題

① メディエーション・サービス提供の量の確保

a. なぜ日本でメディエーション機関が存在しないのか

市場は、メディエーションの社会的基盤の条件の一つである供給者の量の確保になじむ性格を本来有している。現にアメリカでは、営利企業、非営利団体、政府機関が参入してメディエーション市場が多様なサービス供給者を生み出してきた。

では日本においてはどうだろうか。現に日本ではメディエーション市場はほとんど存在しないに等しい。

弁護士が業としてあるいはプロボノで行政と住民との社会的ジレンマ現象に基づく紛争に関わる事例は見られる。しかしその役割は、裁判を前提とし、行政をクライアントとして弁護するか、あるいは行政と対峙して住民に知恵を授けるものであって、ここに言うメディエーターとは言い難いだろう。

メディエーションは、裁判よりもADR（裁判外紛争解決手続）に近い性格を有する。その意味では弁護士や司法書士、弁理士などが担うADR市場があることはある。けれども、民事事件とはいえ当事者の一方が行政であってしばしば公共政策の是非にもかかわる対立の仲介は、私人間の紛争処理を専ら担う日本のADR制度にとっては荷が重いように思われる。

このように、日本ではメディエーション市場がほとんど育っていない。ではどうして育たなかったのだろうか。なぜメディエーションの需要と供給を結ぶ場がないのだろうか。

供給は、需要が無ければ成立しない。

アメリカの場合、最初にメディエーションを要請するステークホルダーには圧倒的に行政が多いという。しかし日本においては、たとえばめいわく施設の立地にかかわってステークホルダーたる行政機関がステークホルダーとの仲介を外部者に依頼しようとする動きは耳にしない。

もう一方の需要者であるステークホルダーたる住民は、メディエーターが見当たらないから依頼せず、闘う援軍を弁護士などに求めてきた。

すなわち、メディエーションの顕在需要がないからそのための市場が存在していない、といえる。

けれども、本当に需要がないわけではないことは、本書で取り上げている事例から明らかである。仮に第三者機関がメディエーションの役割を担っていたら、社会的ジレンマ現象に起因する紛争の少なくともいくつかが短期で解決に至っていたかも知れない。このメディエーションによる解決は、もし裁判闘争のような大紛争に至るならば負担すべきかなりの人件費を含めたコストを回避できるのであるから、行政（および他の公共的事業推進組織）にとっても、住民にとっても、大きなメリットをもたらしうる。

日本においてもメディエーションの潜在需要は存在していると言えよう。

アメリカでは、トラブルがあればすぐ裁判に持ち込む。第三者を介入させることが一般的な社会である。メディエーションの潜在需要も直ちに顕在化する。一方日本においては、潜在需要が同様に顕在化するとはみなしがたい。

4.1項でも述べたように、メディエーション・サービスは外部経済効果を特徴とする公共性を有し、「儲かる商売」とはいいがたい。しかも、あえて市場開発に挑戦しても先行者利益が期待できない。顕在需要が無い状況において、わざわざ需要を開拓して市場を創造するような起業家は希少であるとみなさざるをえまい。

しがたって、地域・国土の開発やめいわく施設の立地を推進する代表的なアクターである行政がメディエーション・サービスをよく活用する状況をつくることなくして、メディエーションを提供する市場の自然発生をまっていても、やがて米国同様の状況が実現するとは期待しがたい。[278]

b. メディエーション機関創出の方策

[行政によるメディエーション活用のメリット]

これまでの検討から、日本においては、行政がメディエーション・サービスを活用する環境を整えることがまず重要であると確認できた。

公共政策のメディエーションが普及すれば、行政を一方のステークホルダーとするコンフリクトにかかわって、次のようなメリットをもたらす。

そもそも規範的な観点から、行政が一方的にめいわく施設の立地や地域開発を政策決定してステークホルダーである主権者たる住民に押し付けることはあるべき姿ではない。この見解に同意するならば、第三者によるメディエーションの一般化はこのような行政の押し付け姿勢を抑制するという大きな効果をもたらす。

さらに費用便益分析面から考えても、やはりこのような行政の姿勢は望ましくない。なぜなら、そのような強権的行政行動は、しばしば住民たちの反発を引き起こすからである。そこで対立・争いが生じ具体的な行動・事件（住民による敷地内立ち入り実力阻止、行政による強制執行、裁判などなど）が次々と巻き起こる。このような具体的行動・事件への対応や争い総体のマネジメントのために行政は（そして反対派住民も）多大なコストを投下せざるをえない。効果的なメディエーション・サービスが身近に存在してその利用が一般化しているとしたならば、これを利用することにより紛争をぼやの段階で消火でき、以上のような争いの直接費用や機会費用を他の有用な活動のために振り向けことが可能となるのである。

しがたって行政によるメディエーション活用の促進は、行政の強権的姿勢の矯正の意味からも、行政コスト（および住民側コスト）の削減の観点からも、意義があるのである。

ただし、以上は、行政にかかる社会にとってのメリットとして首肯し得る。しかし、当事者である行政がメリットと感じるか否かはまた別である。住民の抵抗が弱く、強圧的押し付け行政で支障なく政策が進むときは、行政はメディエーション機関を活用するメリットを認めないだろうことも十分考えられる。

[行政のメディエーション活用を促進する方策]

このようなこともあり、行政によるメディエーション活用推進のために即効の効果を期待して手段を動員しようとする場合には、法律による強制が、選択肢としてある。実際、情報公開や行政手続の法定などにより、行政の政策形成を透明化し行政の「お上」性、市民を「行政する」[279]姿勢を統制する方向で、政策環境整備が進められてきている。紛争が生じる恐れがある開発に際して、予防的にステークホルダーとのメディエーションを第三者にゆだねることを行政に義務付ける、もしくは推奨する法制度の整備は、検討に値する。

他方、国家の法規制によらない道もある。公害対策や景観保護、廃棄物対策など様々な分野において、地方政府・議会は国の制度整備に先駆けて先進的な政策を打ち出してきた。先に挙げた情報公開制度もそのひとつである[280]。意識の高い市民に囲まれている地方政府が率先してメディエーション・サービスの利用による政策形成の仕組みを導入し、成功事例を積み重ねていけば、やがて社会全体にメディエーション・システムが定着していくのは自然の成り行きといえる。

[メディエーション機関を創出する方策]

いま述べた、法規制あるいは地方政府主導いずれによるにしても、最初はメディエーション機関が存在していない。メディエーション事例の具体的実現にあたっては、まずメディエーションを担う団体を創る、あるいは探し出す必要がある。

法制化・条例化による方法を採るのであれば、免許制度などを整え制度施行まで一定期間をおくことにより対象となるべき団体の出現・存在を確認するとか、場合によっては法的にあるいは条例において独立機関を設立させる選択肢もありうる。ただし後者は供給量＝複数団体が漸次確保されていくことには必ずしも結びつかない。

地方政府が第三者機関によるメディエーションの推進を図り自らメディエーション・サービスを活用しようとするのであれば、その地域内において第三者性が広く認知されている団体にメディエーションの試みを働きかけ実証実験を進めることが有効であろう。市民参加先進地域における、地方政府、市民や事業者団体、大学などの研究機関の参画による、公共的政策にかかるメディエーションのモデル事業[281]は、現実性がある。[282]

このようにして行政機関によるメディエーション活用が定着すれば、やがて需要と供給の拡大も期待できるだろう。

c. 住民・市民のメディエーション機関利用のための資金の確保

このようなメディエーション機関を住民が利用する場合、先に少し触れたように利用する費用負担資金の捻出がハードルとなる。これにつきさしあたり想定される応答としては、①行政が資金的助成をする、②行政自身が中立独立メディエーション機関をつくり廉価でサービスを提供する、③メディエーション団体がプロボノなどで低価格によりサービスを提供する、という方法が考えられる。

①は限られた行政財源の使途の優先順位としてどうなのか、永続的にこのような補助金を出し続けることの評価の問題など、検討すべき部分が多いように思われる。

むしろ③のようなメディエーション団体の取り組みに対し税制優遇などのかたちでの行政支援がなされる方法が現実的である。③そのものについては、しかしプロボノのみでは広がりに欠ける。財源を別途市民・企業の寄付でまかなうというかたちが定着すれば、理解者層の拡大とともに住民のメディエーション活用の安定した普及が期待できる。意義のある公共的取り組みについてその理解者層を拡大しつつ財源調達のシステムを構築することは、日本における非政府セクターによる公共・公益活動の進め方一般に共通した課題である。

2の行政が第三者機関をつくるという案は、その独立性確保について留保条件（次の4.3.②で述べる）を付したならば、仮に否定はされないとしよう。しかし、非営利ゆえ利潤分の費用は削減されるとしても、マネジメントそのものの費用を低く抑え低価格でサービスを提供できるのか、疑問が残る。

② メディエーション・サービス提供の質の確保

a. メディエーション技術

4.2項においてみたように、需要者が求めるメディエーション・サービスの品質は、1中立・公正・公平であること、2メディエーション技術に優れていること、であった。需要サイドからの他の条件として、3需要者である住民も負担できる価格でサービスが供給できること、があった。3ついてはいま4.3.①cで触れた。

2のメディエーション技術は、最近、様々な合意形成手法が開発されている[283]。メディエーションについてはアメリカが多くの先進事例を持つから、日本のメディエーション団体はアメリカの先行団体から技術を学習できる。このようなテクニカルな要因に加え、次章1.3項において第三者が有する「インフォーマルな要素」として取り上げる、メディエーション団体自体が備える信用、理性さらには「人格」のようなものも重要である。これはクライアントがメディエーション機関に抱く信頼感につながる。

b. 第三者としての中立・公正・公平性

[日本における市場によるメディエーション・サービス提供における中立・公正・公平性確保上の問題点]

メディエーション団体が持つべき資質として最も重要なものは、やはり上記1の中立・公正・公平すなわち第三者性である。

アメリカの事例では、メディエーションの必要性から、モデルとなるメディエーション機関が生まれ、需要者に評価されるサービスの提供をめざして複数のメディエーション機関による競争がもたらされた。かくして市場における品質競争が第三者性のクオリティ確保につながった。

しかし一方、日本では、メディエーションと別の次元ではあるけれども、例えば建築確認や福祉の分野などで、規制を緩和し、行政による直営や統制から市場の自由に委ねることに転換されたサービスにおいて、審査を担当する民間専門家の専門性や事業者の法令順守の確認の仕組みなどの問題から、不適正な事象が起こることがあった。特に健康や安全など人々の生命につながる分野ではこのような市場の欠陥が暴走しないよう慎重な監視も必要である。

メディエーションの分野においては、先述のように、そもそも十分な数の第三者機関が存在しうるのかという問題があった。競争相手が少なければ、第三者機関の恣意性・自由度が増すことになり、委託金を出した「クライアント」に有利な仲介対応がなされることも懸念される。

このような供給側の問題に加え、市場では、需要側が、供給側の品質情報に十分アクセスし、かつ適切に評価できなければ、モラルハザードが起こりかねない。すなわち、低質のサービスがはびこることになる。とりわけ、日本の場合、公共情報の入手・分析・活用のための市民の力量は、行政による利用アドバイスなども含めたアクティブな情報提供の未熟さともあいまって、不足している。これは市民がメディエーターの質を評価して選択する能力が未だ十分でない可能性があることを意味する。

[市場によらないメディエーション・サービス提供における中立・公正・公平性の確保という課題]

そもそも既述のように、日本におけるメディエーション・サービス基盤は、自由競争の市場が直ちに提供できるとは想定しがたい。何らかの社会的要請により、社会的公正において定評のある公共的組織や経済団体などの組織・団体がまずメディエーション・サービスの供給を開始する、というかたちで姿を現す、と考える方が現実的である。これらの組織は、倫理性の高い「人格」を有する団体であればあるほど望ましい。

そうすると懸念点は、対立の当事者の一方が行政である場合が多かろうという前提に伴う問題である。地域に密着した団体がメディエーションの役割を担うとすれば、その機関が大なり小なり地方行政とかかわりを持っている可能性がある。その場合、その機関が行政から独立した評価や判断を実現できるのかどうか。

民間企業の開発にかかる住民との間のメディエーションにも同様の懸念が生じよう。地域の有力な企業による開発事業にかかるメディエーションの場合、この企業は多くの地域団体と何らかの関係を結んでいると想定されるからである。メディエーション団体もそのひとつである可能性も免れない。民間企業は行政に比べ贈収賄規制が緩い。ここではお金もからんできそうだ。

このように、日本では、メディエーション機関が登場したとしても、市場がただちにその中立・公平・公正性というクオリティを保証してくれないおそれもある。日本において、メディエーション機関が期待される機能を十分発揮する条件とは何か。中立・公平・公正性の確保の課題を中心に、次の③にまとめる。

③ 市場が未成熟な状況下で第三者機関が期待される機能を発揮するための条件

[第三者機関への社会の信認]

紛争に至りそうなとき、あるいはすでに紛争状態に陥ったとき、第三者機関がステークホルダーからメディエーションを依頼され、期待される機能を発揮する。そのような状況の維持・継続には、第三者機関に対する社会からの信認が重要な条件となる。

社会の信認には、社会の側の条件と、依頼を受ける機関の側の条件がある。社会の側の条件としては、その社会において、公正さ（fairness）が少なくとも建前としては定着している必要がある（rule-based community）。コネと賄賂による政策形成が蔓延していては、中立・公平な第三者の出る幕はない。一方、その地域において公共的企て・事業を推進する方向に向いて社会関係資本が充実していれば、そこでは他者との協力が一般的であるため、不幸なことに特定のステークホルダー同士で対立が生じたとしても、第三者を信頼して仲介を志向する傾向も強くなろうと思われる。

[第三者機関が社会の信認を得るための方策①―法・行政による規制]

この③項で問題とするのは、社会の信認にかかる、第三者機関の側の条件である。第三者機関への信認は、中立・公平・公正性においてその機関を社会的信頼に値するものにする方策によって担保できよう。その方策には、法律や行政による規制によるものと、機関自身による自主的な取り組みがある。

法規制によるものとしては、特定非営利活動促進法のように、民間公益活動に一定の条件を付して法人格を付与する方法がまず考えられる。この法人格は、社会的信用の源泉となりうる。

なお、とりわけ行政が直接設立する第三者機関については、行政が紛争の一方のステークホルダーとなるケースが多いことから、さらに厳しい制御システムが求められる。行政系第三者機関は、条例など行政が従うべき法規に基づき行政の各執行機関からの独立性を確保することがまず必要である。さらに、第三者機関の職員を他の行政機関の人事制度から独立させ職員採用も第三者機関が独自で行うこと、親行政機関からの天下りは厳禁すること、第三者機関内に評議委員会など外部委員から成る諮問・意思決定機関を設け、さらに外部監査の制度を備えるなど、具体的に第三者性を確保する仕組みを何重にも整備する必要がある[284]。

[第三者機関が社会の信認を得るための方策②―機関自身の取り組み]

一方、中立・公平・公平性が確保して社会の信認を得るための法や行政規制によらない方策もある。

コトラーは、非営利組織に対して、積極的にマーケティングに取り組むべきだとして、「顧客の幸福と社会の福祉を維持し、促進させるような"満足"を提供する形に組織自体を適応させる」という「社会的マーケティング志向」をもつことを推奨する[285]。第三者機関はそのミッションをしっかり体した上で積極的に社会に働きかけその信認を確保せよ、ということになる。

また、非営利組織にとっても、法規制の有無にかかわらず、行政関係の組織について述べたような組織そのものの説明責任や客観性を確保する組織ガバナンスの仕組みが必要とされている。これにより、執行部の主観的な判断による暴走を防ぎ、ステークホルダーの信認を繋ぐのである。ドラッカーは、「非営利組織が成果を上げるには強力な理事会を必要とする。理事会が組織全体にミッションを考えさせ、守らせ、遂行させなければならない。理事会が有能なマネジメント、適切なマネジメントを確保しなければならない。そしてその成果を評価しなければならない」[286]と強調している。

一方、企業を対象とする経営学は、コーポレト・ガバナンスやCSR（企業の社会的責任）など、株主のみならず社会のステークホルダーに対しても企業責任があることを明らかにしている。その責任遂行のための具体的な企業経営の仕組みも含めたこのような最近の知見は、第三者機関の組織としての自主的な社会的信用の確保の取り組みにとっても参考になる。中立性を標榜しながら一方のステークホルダーから便宜を受け加担することなど、CSRの観点からは論外の不適正行為と指弾されることである。

また、地域に密着した第三者機関が、そのエリアである程度の数に達したならば、アメリカの実例に見られるように、メディエーターの研修や倫理ハンドブック作成など、「業界」単位による中立・公平・公平性確保と社会的信用の調達の取り組みも重要であり、有効である。

④ 誰が合意形成の主役か—逆モラルハザード

ここまで、日本におけるメディエーションのための社会的基盤創設のアイデアをポジティブに展望して、行政など開発者と住民との紛争を仲介する第三者メディエーション機関の創設・普及を目指しいくつかの考察や提案を提示してきた。しかし一方、ここまでの議論の結果は、メディエーションの必要性を示し得たとしても、システムを担う市民の創意・自主性の重要性や、個々の市民の主体的人格につながる問題について考察するという、大きな課題が残されている。

とりわけここで懸念する点は、住民の公共的市民としての自発性にかかわるものである。特に行政との関係で問題が想定される。

[市民が政策の合意形成を第三者機関に委ね主体性を失う懸念]

仮に今後日本おいてアメリカのごとく様々な合意形成のテクニックに長けたメディエーターを擁するメディエーション機関が叢生し、公共政策につき、行政は自らステークホルダーの調整に乗り出すことをやめてもっぱらこれらメディエーション機関に調整を委ねることになったとしよう。行政のあり方としてはあるいはそれでよいかも知れない。

しかし、市民、住民は一概にそれで望ましいとばかりは言えない場合もある。そもそもめいわく施設の立地に対して反対運動をオーガナイズするような住民たちは、個人の手間ひまを犠牲にしても地域のために活動しようとする人々である[287]。社会の動きに無関心な層ではない。このような公共的市民がよい地域ひいてはよい社会をつくる大きな担い手である。反対運動を推進した人々のその後の社会活動を追跡すると公共人として変容を遂げている場合が多いという事実が、そのことを証明する[288]。そのような市民の公共関与への積極性にマイナスの効果を及ぼす懸念を、これから日本に確立しようとするメディエーション・システムはもたらしてしまう可能性がある。

具体的な場面をイメージしてみよう。メディエーションのための社会的基盤が定着すると、行政はメディエーション機関に政策推進のためのステークホルダー間のメディエーションを依頼するようになる。メディエーション機関は調整のテクニックを磨いているプロであって、紛争を引き起こす行政のような不器用でクラムジーな動きはしない。スマートにメディエートされた住民たちは、安心して、行政との交渉をメディエーション機関に「お任せ」してしまうことも十分想定される。プリンシパルであるステークホルダーたる市民、住民が、エージェントであるメディエーション機関にすべて委ねてさぼってしまう、逆モラルハザードとでも呼びうる一種のエージェント問題である[289]。

メディエーションを通じて地域開発は合理的な内容で進むことになり、安全や環境のレベルでも費用や便益の評価の観点からもベスト・アベイラブルな結果でおさまったとしよう。それはとても良いことだ。しかし、メディエーション機関は、もっぱら他者とりわけ行政に依存して社会生活を送る市民を再生産し社会に繁殖させる弊害、あるいはそこまで至らないとしても市民をより公共活動志向に変革し損ねる機能を果たしてしまう恐れなしとは言えないのだ。

[第三者機関が市民の主体性を増進することへの期待]

この懸念を払拭できるのもまたメディエーション機関の本来持つべき次のようなサービス品質である。紛争の場面において、社会参加のケイパビリティに欠けるステークホルダーたる住民に情報や知識を授け、自ら考え互いに議論する力を培っていく、この面（エンパワーメント）においてメディエーション機関は重要な役割を担いうると考えられる。まして普通の市民に対して、議論の場に参加するような条件を整え市民の参加・意思主張意欲を高めることは、リスクコミュニケーションの具体的な技術と共に求められるメディエーターの基本的な「技」である。ここでは、市民的自由を開発する役割をメディエーターが担うのである。

センは、社会進歩・開発は、経済成長率という指標のみによって計測されるべきものではないと述べた。すなわち、政治的･市民的自由の権利の保障や、健康や医療、教育施設などを確保する社会的・経済的システムの整備に着目しなければならない。さらに、その根底に位置づけられるものとして、これらの権利や社会システムを確保するための個々の市民の力量を育む自由の開発によってこそ、社会進歩・開発は評価されうることを、彼は示唆したのである。[290] メディエーション団体、あるいはより広く第三者の活動が、この市民的自由の開発の流れに棹差すことが望まれる。すなわち、第Ⅱ編で縷々考えた格差という課題に立ち向かう活動への期待である。

5. 市民・住民の変容を促す第三者の役割

ここまで、主として「対立するステークホルダーの間にあってメディエーションの役割を担う第三者」に着目して、日本におけるそのような団体の創設の展望につき検討してきた。

ここでは、「地域住民一般やさらに広域的な市民の学習による変容を促進する第三者」について考える。ケイパビリティに欠ける住民とその居住地域への第三者の支援についても論じる。

[市民・住民の変容を促す行政の役割]

廃棄物処理施設の立地のような、行政がステークホルダーとなるケースに伴う住民の変容においては、行政は直接の当事者である。しかし、市民の学習による公民への変容一般に関わるときには、行政は、直ちに利害が左右されるステークホルダーではないのだから、広い意味で第三者ともいえる。これは教育行政であり、社会教育や生涯学習の推進のほか、とりわけ学校教育において、社会科をはじめ道徳や総合的な学習など、公共的市民としての力を培う教育がなされている。そもそも学校というシステム全体が人間の社会化を目的とする。当初は人々を「国民」に仕立て上げようとする国家としての意図に基づき制度が導入されたものであったとしても、公教育は、人間のケイパビリティを育てるという市民的自由の開発の役割を結果として担っているのである。けれども、公教育は、国民国家を担う行政の自己目的的「本来業務」ではある。ここにおける行政は、NPOのような純粋な第三者には該当しないだろう。

そのような多面的な意味と効果をもつ教育に比べ、福祉政策は、ケイパビリティに欠ける市民・住民のケアの役割を担う側面が大きいといえる。これを担当する行政は、第三者の特徴をより強く備えている。[291]

[市民・住民の変容を促す行政以外の第三者の役割]

さて、これ以降、行政以外の第三者の住民の学習による変容を支援する機能についてまとめておこう。

まず、行政施策の生涯学習に相応する行政以外の教育機関として、社会人を受け入れる大学がある。少子化に伴い教育対象層を社会人に積極的に広げる傾向も見て取れる。社会人向けに特化した講座も開催されている。

民間経営のカルチャーセンターなどの機関も社会人向け教育・学習事業者である。

一般企業も、工場見学の受け入れ、一般市民向けの講演会やセミナー、イベントの実施などに取り組んでいる。

そして、NPO が講演会やセミナー等も開催している。NPO はテーマ別に人々が集い設立する組織なので、特定領域に特化したものが多く、市民の個人レベルの交流が深まるチャンスと相まって、関心のある市民にとって重要な自己啓発等の機会を提供している[292]。

以上の例は、しかし、ここでの対象とする地域住民の変容のニーズに直接こたえるものとはなりがたい面がある。いずれも、個人レベルでの学習の場への参加となり、地域としての自治力の涵養に直接つながらないからである。例えばNPO の場合、このようなテーマ別 NPO には地域性は薄く、むしろ地域を越えて興味・関心を共有する人々が広域的にネットワークを構築・拡大するという特徴がある（注 292 参照）。

この章で取り扱うものにより該当する活動とは、直接地域にアウトリーチしての人々への支援である。先に紹介した事例のいくつかはこれに当たる。これらはNPO・NGO や大学の事例であった。とりわけ NGO の支援活動は、第 2 章図表 2.1 のなかの「コミュニティとして意思決定できない、コミュニティとして住民が共同で取り組む機能がないコミュニティ」を対象としていた。前章で述べたケイパビリティに欠ける住民と地域である。このような住民たちのニーズに対して、NPO・NGO 等は支援・ケアの強い必要性・使命感を感じ取るからであろう。

本書で取り扱っている廃棄物処理などの施設の立地政策においても、自治力がなく共同行動を起こすことができない地域とその住民たちに対しては急ぎ市民性形成のケアが望まれる。このような地域に、行政や開発者はこぞってめいわく施設や有害・危険な施設を持ってくるかも知れない。富裕層は逃げ去り低廉な居住コストが生命の維持に精一杯な貧困層を呼び寄せる。こうなると地域の貧困はますます膠着・悪化する。ここに、地域に深く立ち入っての協働的援助が第三者によってなされれば、このような第三者の活動がやがて住民のケイパビリティを高め、地域の自治力を涵養することが期待できる。

ここでの第三者たるNPO等には、広域的活動団体が多いかも知れない（=海外NGO)。一方、地域や周辺の一部の住民がそのような支援グループを新たに立ち上げることも期待できなくはない。

なお、この章で詳細に考察したメディエーション団体は、ステークホルダー間のイコールフッティングをその大きな役割のひとつとして担う。この役割達成のため、ステークホルダーによる情報の入手・解釈とその情報を活用した学習を支援する。これはいまこの節で取り上げている住民の変容を支援する第三者の機能そのものである。したがって、メディエーション団体はこの節で扱った第三者団体にまさしく該当する。しかし、メディエーション以外に弱者支援にも取り組んでいる兼業団体を別にすれば、メディエーション団体によるケイパビリティに欠ける住民へのケアの活動はメディエーションの期間中に実施するものに限られることとなる。

6. 行政の裁量行為・処分の適正化に果たす第三者の役割

第4章において行政を取り扱った様々な研究を確認し、二律背反ともいえる「期待される行政像」――福祉的救世主と権力行使者――を明らかにした。すなわち、市民と行政という二者関係を想定し、行政の大きな能力の必要性を認識しつつ、一方行政の行動が市民に及ぼすマイナスの作用について深い懸念を抱いており、このふたつ（行政能力とそのマイナスの影響）の間のスペクトルの中で各研究の立ち位置が定まっている、というすがたである。行政というライオンを何とか檻に押し込め、しかしその有用な能力は闊達に発揮させよう、こう研究者は考えてきた。

しかし、檻に入れた行政は餌を食んで寝てばかりいて働かなくなる恐れがあり、だからと言って自由にさせると善いこともするけれども時に人に噛みついてしまう、というジレンマが残る[293]。

ここに第三のアクターを登場させると、事態は画期的に変化し、市民の意識やコミュニティの価値はその語り部を得るとともに、行政がかかえる公共的課題も中立的第三者を通じてより受け入れられやすい形で市民に理解され、受容されるようになる。そして市民・行政双方のコミュニケーションが開始される。ここでの第三者とは、市民社会におけるステークホルダーではない人々や団体である。

第4章で取り扱った行政裁量の統制に関する多くの研究は、行政の裁量がもたらすマイナスの影響を、行政の自由裁量を統制することによってできる限り取り去ろうと企図している。一方、第三者は、公務員の裁量行為そのものをコントロールするというよりも、裁量の結果としての行政処分が市民やコミュニティの価値と齟齬をきたすような悪影響をもたらすものとならないようにする機能をもつ。すなわち、行政が裁量を開始する前の段階において行政の持つ情報偏差・状況認識・選択肢にある政策の効果見通しなどをコントロールする役割を担う。したがってこの結果市民にとってマイナスの影響を及ぼす裁量がなされにくくなる。ライオンに友だちをつくりその説諭により人を食わなくすれば、檻は不要である。ただしその時、社会に暮らす他の人々も変わるべきところは変わる必要となる[294]。

このような第三者が活躍する前提として、NPOや大学などが行政に出入りし、専門的知見を生かしながら行政の相談にのり知恵を提供する、そのような環境が醸成されていることが望まれよう。米国に見られる、シンクタンク等が行政の意思形成に作用する多元的行政意思形成のかたちは、その実例と呼べるのかもしれない。もっとも、米国の場合、自らのビジネスの振興をねらう業界団体が、そのようなシンクタンクに資金を拠出し、業界に有利な研究の蓄積を図っている。いわば、ステークホルダー同士が、プレッシャーグループとして、行政に働きかけの競争を展開している。同様の多元的プラットフォームが有効だとしても、弱い立場にある市民の側に立った第三者団体の活躍できる基盤確保が求められる。

本章では、公共政策や地域政策の合意形成の促進に向けた第三者の実践活動を確認するとともに、このような活動を担う第三者機関の日本における創出・普及について展望した。合わせて、ケイパビリティに欠ける住民と地域を支援する第三者、行政に知見を提供しその裁量を適正化する第三者についても取り上げた。

次章では、まず、合意形成の仲介をする第三者が機能するメカニズムについて理論的に分析する。ここから、実は私たち一人ひとりが、第三者の立場に立ちうることが明らかになる。その上で、公共政策やまちづくりに主体的に取り組むとき、私たちはステークホルダーでありながら第三者であるべきだと訴える。

［注釈］

254 Elliott, Michael L. Poirier (1999). The Role of Facilitators, Mediators, and Other Consensus Building Practitioners. (Susskind, Lawrence, McKearnan, Sarah, Thomas-Larmer, Jennifer eds.. *The Consensus Building Handbook*. Thousand Oaks, Calif.: SAGE Publications, pp.199-239.)

255 Meldon, Jeanne, Kenny, Michael, Walsh Jim (2004). Local Government, Local Development and Citizen Participation: Lessons from Ireland. (Lovan, Robert W., Murray Michael, Shaffer, Ron eds.. *Participatory Governance: Planning, Conflict Mediation and Public Decision-Making in Civil Sociey*. Aldershot: Ashgate. pp.39-59), pp.46-48
Southside Partnership ホームページ　http://southsidepartnership.ie/index.php

256 Davidoff, Paul (1965). Advocacy and Pluralism in Planning. *Journal of the American Institute of Planners*, 31(4), 331-338.

257 これが、第６章のカナダ・アルバータ州の事例で触れた、「ステークホルダー・アイデンティフィケーション」のプロセスの１例である。

258 Lovan, W. Robert (2004). Regional Transportation Strategies in the Washington D.C. Area: When Will They Be Ready to Collaborate? (Lovan, Robert W., Murray Michael, Shaffer, Ron eds.. *Participatory Governance: Planning, Conflict Mediation and Public Decision-Making in Civil Sociey*. Aldershot: Ashgate. pp.115-128)、ただしそれ以降具体的に解決に向けて行動が開始されたとする記述はない。

259 Dukes, Frank (2004), From Enemies, to Higher Ground, to Allies: The Unlikely Partnership between the Tobacco Farm and Public Health Communities in the United States (Lovan, Robert W. Murray Michael, Shaffer, Ron eds.. *Participatory Governance: Planning, Conflict Mediation and Public Decision-Making in Civil Sociey*. Aldershot: Ashgate. pp.165-187)

260 Parsons, Talcott & Platt, M. Gerald (1973). *The American University*. Cambridge, Mass.: Harvard University Press.

261 これは一方、伝統的な教育・研究の科目・分野の観点でみると、同一大学内において研究の重複がある、すなわち大学全体を見渡せば同一専門分野の研究者が複数名籍を置いているという状況にもつながっている、とする大学運営の効率性の観点からの批判もある。次注参照。

262 この bundle が高度の専門性の追求や大学経営の効率性にとってマイナスであるとするスメルサー（Smelser）の主張を論駁する文脈で、パーソンズらのアメリカの大学の評価は展開されている。

263 Deshler, David, Edmond, Kirby (2004). Conflict Management and Collaborative Probkem-Solving in a Protected Area in Ghana (Lovan, Robert W., Murray Michael, Shaffer, Ron eds.. *Participatory Governance: Planning, Conflict Mediation and Public Decision-Making in Civil Sociey*. Aldershot: Ashgate. pp.129-146)

264 Rogers, Everett M. with Shoemaker I. Floyd (1971). *Communication of innovations: A Cross-Cultural Approach*, Second Edition. New York: The Free

Press.（宇野義康監訳（1981）『イノベーション普及学入門　コミュニケーション学、社会心理学、文化人類学、教育学からの学際的・文化横断的アプローチ』、産業能率大学出版部）

Rogers, Everett M. (2003). *Diffusion of Innovations*, Fifth Edition, New York: The Free Press.（三藤利雄訳（2007）『イノベーションの普及』、翔泳社）

265 谷本寛治・大室悦賀・大平修司・土肥将敦・古村公久（2013）『ソーシャル・イノベーションの創出と普及』、NTT 出版

266 Rogers (2003). *op. cit.*, 三藤訳 p.382

267 広瀬幸雄（1993）「環境問題へのアクション・リサーチ－リサイクルのボランティア・グループの形成発展のプロセス－」、心理学評論、36（3）、373-397

268 Caves, Richard E. (2000). *Creative Industries: Contracts between Art and Commerce*. Cambridge, Mass.: Harvard University Press.

269 国土交通省国土交通政策研究所（2006）『社会資本整備の合意形成円滑化のためのメディエーション導入に関する研究』（『国土交通政策研究』第 70 号）、設立年は以下の各団体ホームページ

CBI ホームページ　http://www.cbuilding.org/

CDR ホームページ　http://www.cdrmediation.com/

Concur ホームページ　http://www.concurinc.com/

MODR 関係ホームページ　http://www.mass.gov/eohhs/consumer/disability-services/advocacy/massachusetts-office-of-dispute-resolution.html

USIECR 関係ホームページ　http://www.udall.gov/OurPrograms/Institute/Institute.aspx

270 石田聖（2014）「第三者を活用した合意形成と利害調整：米国オレゴン州における協働型政策形成の事例紹介」、熊本大学政策研究、5、63-78、設立年は OS ホームページ　http://orsolutions.org/

271 第 6 章参照。

272 以上、国土交通省国土交通政策研究所、前掲書

273 Rose, Marc & Suffling, Roger (2001). Alternative Dispute Resolution and the Protection of Natural Areas in Ontario, Canada. *Landscape and Unban Planning*, 56, 1-9.

274 http://www.hardystevenson.com

275 Boulle, Laurence and Nesic, Miryana (2001). *Mediation: Principles Process Practice*. London: Butterworths.

276 Li, Yanwei (2019). Governing Environmental Conflicts in China: Lessons Learned from the Case of the Liulitun Waste Incineration Power Plant in Beijing. *Public Policy and Administration*, 34(2), 189-209.

277 Pierce, Joseph, Martin, Deborah G. and Murphy, James T. (2011). Relational Place-making: The Networked Politics of Place. *Transactions of the Institute of British Geographers*, NS 36, 54-70.

278 一方の住民は、中立のメディエーション機関が存在するならば、いたずらに対決状態に入る前にこれを利用する選択肢も検討するはずである。しかし住民たちは行政に比べて資金が潤沢でない場合が多いだろう。ステークホルダーとしての住民・市民のメディエーション需要の大幅な顕在化向けては、まずこの資金バリ

アを何らかのかたちで解決する必要がある（4.3.①c参照）。

279 足立忠夫（1990）『市民対行政関係論　市民対行政関係調整業の展望―行政改革を考える・下』、公職研

280 濱真理（2012）「都市の一般廃棄物政策形成過程における市民参加」、公共政策研究、12、155-166

281 地域の公共政策につきその形成の段階からステークホルダーに加えメディエーターとなる第三者機関を介在させるモデル事業。

282 行政そのものがメディエーターとなることについては、のちに注284で触れる。

283 篠原一編（2012）『討議デモクラシーの挑戦　ミニ・パブリックスが拓く新しい政治』、岩波書店

284 行政（地方政府など）そのものが常設メディエーターとなりうるか、という問題がある。例えば首長を頂点とする統治機構の一端にメディエーション機関を置くことは望ましくなかろう。しかし現実問題として、メディエーション機関が必要であると社会的に判断されるに至るときには、法令（条例）規制から自由な（＝より容易に設置できる）地方政府の既存行政組織の1部門としての取り扱いという当面の対応は想定しうる。このとき、中立性の確保が大きな課題となる。当該行政部局そのものが直接ステークホルダーとなる事案の仲介は当然避けるべきだとして、そのような場合でなくても、首長の交替で中立尊重・非介入の行政姿勢が変わってしまうおそれなど、懸念は大きい。

285 Kotler, Philip (1982). *Marketing for Nonprofit Organizations*, Second Edition. New Jersey: Prentice Hall.（井関利明監訳（1992）『非営利組織のマーケティング戦略―自治体・大学・病院・公共機関のための新しい変化対応パラダイム―』、第一法規出版）。引用は、訳p. 37。

286 Drucker, P.F. (1990). *Managing the Nonprofit Organization: Practices and Principles*. New York: Harper Collins.（上田惇生訳（2007）『非営利組織の経営』、ダイヤモンド社）。引用は、訳pp.176-7。

287 その活動の結果が個人の利害につながってくるわけではある。

288 筆者が聴き取り調査した廃棄物処理施設の事例における反対運動住民は、反対運動終結後、当該施設の運営委員会に参加して積極的に廃棄物処理という公共政策の推進に関与したり（武蔵野・杉並・大阪兵庫の国崎）、行政が履行する地方公共政策をチェックするNPOを立ち上げる（大阪住之江）、といった活動に取り組んでいる。

289 経済学のエージェント問題のひとつとしてのモラルハザードは、雇用主（プリンシパル）の眼が行き届かずにエージェント（代理人）が期待されるとおりにその役割を果たさないことを指す。（4.3.②bでそのような懸念につき触れた。）本文の例ではプリンシパルが不活性化するため逆モラルハザードと名付けた。

290 Sen, Amartya (1999). *Development as Freedom*, Oxford: Oxford University Press.（石塚雅彦訳（2000）『自由と経済開発』、日本経済新聞社）、訳p.3

291 行政が中立な第三者であるメディエーターとなりうるかについて、注284参照。

292 筆者は、関西地域でごみ・環境問題に取り組むいくつかのNPO関係者と面談して活動状況を調査した。NPOの場合、セミナーなどの参加者がやがて主催NPOのメンバーとなることがある、という特徴がある。一方、行政主催の生涯学習・社会教育の催しでは、参加した市民がのちにNPOを設立した事例が複数あった。

293 なお、ブキャナンなどの公共選択学派やリバタリアンの考えは別で、このライオンを飼うこと自体ほとんど餌代の無駄となる。

294 強者におもねる一方強権に恃んで私益の成就を図る類の輩の退場が必要である。

第８章

公務員へ、市民へ、第三者であれ

1. ステークホルダーの意思決定への第三者の作用のメカニズム

1.1.「公平な観察者」としての第三者

[アダム・スミスによる個人の意思決定のメカニズム]

第２章で、個々人の意思決定のメカニズムついて分析した。スミスは、「公平な観察者」(impartial spectator) が人々の心中に棲む、と仮想した。人が喜怒哀楽の感情にかられて何らかのアクションを起こそうとするとき、心中の公平な観察者が、その動きにブレーキをかける。心中の公平な観察者は、そのような行動が他の人の公平な観察者の同感 (sympathy) を得られるかどうかを判断の基準とする。他人の行動を評価する際にも、評価する個人の心中の公平な観察者が、評価される側の個人の行動の動機が同感されるに値するものであるかどうか、適宜性にかなうものであるかどうかを検討してみて、評価を確定する。このメカニズムによって、スミスは、各人の道徳感情の構成のされ方を説明した。

[スミスの意思形成メカニズムの個人間の合意形成メカニズムへの援用―第三者の位置づけ]

図表：8.1　公平な観察者を引き出す第三者による合意形成の調整

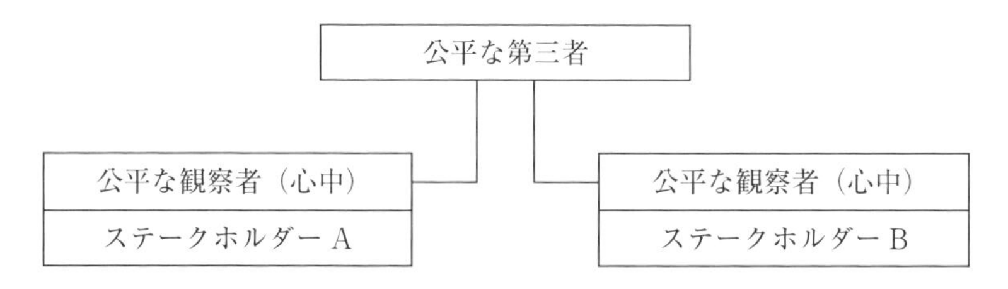

このスミスのヴァーチャルな心中の公平な観察者を、利害が正面から対立する場面で、ホットな対立のただ中にある実社会にアクチュアルに出現させてみることにする。これを「公平な第三者」と位置付ける[295]。公平な第三者は、例えば焼却施設を立地するにあたって候補地住民と行政機関の間に生じているもめごとに一切関係しておらず、利害関係もなく、公平、中立不偏、impartialである。

さて、このステークホルダー間に実体として活動する公平な第三者は、ステークホルダーの内面のヴァーチャルな公平な観察者の間に立って調整することが期待される（図表：8.1）。

公平な第三者が仲を取り持つ、各ステークホルダーの心中の公平な観察者は、スミスに従うならば、次のような特徴を持つ。

公平な観察者は、個人を、他人の感情に入り込もうとするよう仕向ける。一方、個人は、自己の情動の方は観察者がついていけるまで引き下げようとする。

義憤にかられる個人は、公平な観察者の評価を考慮し、自己の中の情念に突き動かされるのではなく、人類が我々に期待する「義憤の適宜性」のレベルまでに怒りを落ち着かせる。

我々（例：地域住民）が隣人（行政）に対して害を与える正当な動機は、その害を与える対象である隣人（行政）が我々に対してなしてしまった害悪（焼却施設の立地を決めた一方的性などのひどさの程度）への正しい義憤以外にありえない。この義憤をスミスは正義の感覚とみなしている。スミスは、「企てられた不正、あるいはじっさいにおかされた不正にたいする、適切な憤慨だけが、公平な観察者の目には、われわれがなんらかの点で隣人の幸福を妨げたりするのを正当化しうる、唯一の動機である」[296]と述べている。

まとめればこうである。個人や団体内の共通文化に公平な観察者が宿るとするならば、アクチュアルな公平な第三者が登場すると、対立しているステークホルダーの側にもそれぞれ心中に公平な観察者が姿を現す。ここに理性的な問題解決に向けた検討が始動する可能性が生まれる。[297]

1.2. 石谷清幹の着目する第三者の役割

[ボイラー研究からの第三者の有効性の発見]

石谷清幹[298]は、もともと企業でボイラーの設計に携わり、のちに大学の研究者に身を転じたひとである。

ボイラーは世界的にたびたび事故を起こし、人命が奪われることもしばしばであった。石谷は、技術にかかわるハード以外の、ボイラーの管理の面での問題が事故につながっている例が多いことに気付いた。そして、有効な体制のもとに行われる機器の検査が事故の防止につながる事実を確認した。ここで、有効な検査体制とは、社内による自己検査の仕組みではなく、第三者機関による検査体制であることを指摘した。その後さらに理論的な研究を深めるとともに、日本における民間第三者ボイラー検査機関の普及に尽力する実践の人でもあった。

石谷は、このボイラーの第三者検査機関の研究と併行して、公共的計画における第三者機関の意味と必要性を理論化していった。

[公共的計画形成における第三者の役割]

彼によれば、計画、とりわけ、技術の活用を伴う公共的計画の主体には、「展開者」・「需要者」・「第三者」がある。廃棄物処理施設の立地・建設はこの種の計画に該当する。

展開者とは計画立案・推進者であり、一般廃棄物処理施設の例では市町村担当行政部局がこれに当てはまる。

需要者とはその計画に基づく政策から便益（ときに費用または不利益）を享受する主体で、ごみを排出する市民が該当する。市民の一部である処理施設近隣住民は不利益を被る場合がある。

この展開者と需要者は「贈収賄成立関係」にある、と石谷はいう。と言っても必ずしも実際に賄賂のやりとりがあるわけではない。例えば、客観的にみれば利用者が少なく採算のとれないところに鉄道の駅を設ける計画があるとする。何らかの理由で展開者はこの計画を推進したい。一方地元住民は駅ができれば便利になるのだから閑古鳥が鳴くような駅であっても駅をつくることに反対しない。結果として無駄な駅ができてしまい、その駅では乗降しない一般の多くの利用者の料金にそのコストが上乗せされてしまったり、赤字補てんのため税金が投入されることになってしまったりしたとしよう。このような結果に至る展開者と需要者（地元住民）の関係を、石谷は「贈収賄成立関係」と呼んでいる。

ここに第三者を登場させてみる。第三者はその計画に対して直接の利害関係を持たない。このような第三者の判断・行動基準は「自分が責任を問われる必要のない苦痛の最小化」であるとされる。石谷はこれを「市井の原理」

と名付けている。例えば無用な駅をつくって自分の出す税金がそこに投入されることを忌避する判断・行動をとるという意味である。

なお、石谷は行政（ステークホルダーでない行政）の第三者としての有効性（「第三者性」）にネガティブな見解を示している。石谷が研究を進めていた当時は、公害が大きな社会問題となっていた。このころの公害の事例をみると、行政が加害企業にとって不利なデータを隠したりして、公害が継続し、住民の被害が拡大していった（と石谷は述べている）。この実態が石谷の行政全般への不信感を募らせたようである。

[市民社会における第三者の役割]

そこで石谷は、一人ひとりの市民の公共マインド、さらには公共的市民が連携した活動に期待していたと思われる。以下のような興味深い記述を残している。

> 第三者中の無影響者が、自分の関係のないことで火中の栗をひろわされるのはごめんだとか、忙しいからいやだとかいって逃げるばかりであったらどうなるか。そのときは市井の原理を社会に実現する主体者、すなわち無影響第三者は存在しても、その代表者がないから実行不能におちいる。つまりその社会はくらやみである。くらやみの社会に住むことは万人の不幸である。自分に利害関係がなくても、責任を問われる必要のない苦痛に苦しむ人に共感し、その最小化のためにいつでも応分の力をさく用意のできている人の多い社会が文化の高い社会といえるのではあるまいか。そして、人間の所有している生産力即破壊力がすでに相当に巨大であるから、これにふさわしい水準に文化の方を高めないと、地球上における人類の存続もかなりあぶないのではあるまいか。[299]

石谷の主張をここでの考察に当てはめると、ステークホルダー間の関係に第三者というアクターを登場させることにより、公共的パーフォーマンスが増大する、公益が増進される、とまとめることができよう。第三者検査機関の活動によりボイラー事故が減少する事例では、すべてのステークホルダーにとってウィンウィンの結果がもたらされる。しかし問題によっては、ステークホルダー同士の利益が相反する場合もある。石谷は、第三者の存在により理性的な費用と便益の調整が行われると考えていたと推定される。

なお、石谷の第三者観は、後述する「3. 市民への提言」につながる。

1.3. 第三者のインフォーマルな性格

山下淳[300]は、産業廃棄物処理施設の立地・建設をめぐる地域紛争の予防と調整に関するふたつの県条例（兵庫県と福岡県）を分析している。ここでは県庁ないし条例がルール・セッターとしての第三者である。これらの条例は「社会的な当事者間の合意形成を手続きとして一般ルール化する」ものである。山下は、このような手続きのフォーマル化は「社会的当事者間の交渉の場をいわば強制的に設定する」ものと整理した。

そのうえで、フォーマルな手続きばかりでなく「当事者間の合意形成過程の実質さの確保」、すなわちフォーマルな手続きでは抜け落ちてしまうインフォーマルな要素の確保についてもその重要さの確認が必要であるという含蓄に富む指摘を記している[301]。

確かに、いかに緻密に手続きを制度化しても、個々の事例は特殊性を有して千差万別であるから、その個別性に物差しを当てるために法や制度の適用にあたり解釈を施す必要が生じてしまう。だから、あらかじめ定められた正規の手続きに機械的に則ることのみでは必ずしも紛争解決に到達しえない、と考えるのがもっともらしいだろう。インフォーマルな交流は当事者それぞれにまつわるユニークな情報が明らかになる場でもある。情報の交換は共感もうむ。

著名なアメリカの経済者ケネス・アローが、これにかかわって興味深い指摘を残している[302]。彼は、医師と患者との関係を例として、インフォーマルな関係の中で培われる信頼が、医療行為における患者と医師との合意形成の達成に大きく作用することを示した[303]。ここでは第三者について論じていない。しかし、インフォーマルな要素の重要性を理解するうえで参考となる観点である。

エリオット[304]は、紛争を仲介する第三者の活動として、各ステークホルダーと個別に面談して良好な人間関係を築き、信頼を醸成することが重要だと述べている。

紛争にかかわる第三者が有すべき不可欠な要素は公平性であるという認識は論をまたないほどに各論者に共有されている。一方、利害関係のない第三者は、ステークホルダーにとって本音を語りやすい主体であろうことも推察され、良好な人間関係が醸し出す包容力のような特性もまた第三者の作用を実効あらしめるひとつの側面といえそうだ。
　このように、第三者は正式（フォーマル）に合意形成の仲介をするけれども、そのプロセスにおいてはインフォーマルなキャラクターがしばしば重要な機能を担うと考えられる。つまり、ステークホルダーをして、感情の高ぶりを抑制し、理性的・合理的判断を優先する方向に変化せしめる要素のひとつとして、非合理的な、感性に訴える作用因がある。おそらくそれは、第三者がステークホルダーに対し同感（sympathy）しているという姿勢のオーラであろう。

2. 公務員への提言

2.1. 公共空間で活躍する読者へメッセージを贈る

　本書ではここまで、できるだけ客観的に、科学的に論を展開してきたつもりである。私のことも「筆者」と三人称で記してきた。しかし、この章の残りは、「私」（一人称）と書く。読者に直接「あなた」（二人称）と訴えたいからである。「第三者」をテーマとして論じながら三人称から一人称に変えてしまう「矛盾」をご容赦いただきたい。
　ここでまず訴えかけたい読者とは、公共的取り組みの関係者、あるいはステークホルダーである市民である。と言っても、ここまでの事例の公共政策への反対運動の当事者住民のような、清水の舞台から飛び降りるがごとき決断を迫られる人々のみを対象としているのではない。くじ引きで町内会の役員に当たってしまった、PTA の世話役になった、ボランティア活動に参加しているなど、もっと身近な公共的活動も含んでいる。
　訴えたい内容は、前節で記したような外部の第三者の仲介を待たずとも、心中の「公平な観察者」に耳を貸して、第三者意識を抱きながら公共的活動に取り組んでほしい、ということに尽きる。
　だから、広く言えば、これは社会に暮らすすべての市民に当てはまるものである。けれども、だれもいつでも聖人君子のように生きていくわけにはいかない。だから、前章にも紹介したような第三者の助力に身を委ね、それにより少しずつ自分が変化していくなら、それは素晴らしいことである。
　しかしここで、公務員の読者には、もう少し強く訴えかけたい。なぜなら、皆さんは、給料をもらって公共の取り組みに従事している。したがってその遂行の責任がある。そういう意味から、本節は、直接には公共的活動を仕事とする公務員を対象とした記述となる。だが、公共的取り組みに大なり小なりミッションを感じるその他の市民にも参考にしていただけると思っている。

2.2. パーソナルヒストリーからの視座

これから述べることは、客観的エビデンスや先行研究の蓄積のみに基づくものではない。私の経験に基づいて記すエッセイとしての色彩が強い。そこで、まず、私自民について明らかにすることが私の責務だと考える。しばらくおつきあいいただきたい。

たねあかしをすれば、「まえがき」でほのめかしたように、私は、33 年間、地方公務員をしていた。これからとりわけ公務員の読者を対象に訴えかけようとしている大きな理由は、私自身が、他人事としてではなく、そのようなことを考え続けてきていて、そのことを伝えたいからである。

以上に加え、本書各所の既述にかかわるので、もう少し私自身について紹介したい。

地方公務員になる直前の大学生時代は、地方自治と関係する勉強をしていたわけではなかった。経済学史のゼミでアダム・スミスを読んでいた。卒業論文のテーマもスミスだった。2 つ目のたねあかしだ。ただし、大学生時代はもっぱら『国富論』のみを読んでいて、本書で参考にした『道徳感情論』に注目するようになったのは後年である。

私は、公務員時代、役所という組織の組織人として決して優秀ではなかった。政治にたとえれば、政権に近くあってその価値を体して行動する保守本流とはほとんど無縁であった。与えられた政策テーマに関し「なぜ」を問う性癖があり、独自の考えを育むことが多かった。自己の見解を形成する過程で、政策関連の文献によく目を通した。廃棄物学会（現・廃棄物資源循環学会）にも、誘われて設立当初（1990 年）から参加している。

50 歳代半ば、市役所を中途で辞めて、公共政策大学院に入学した。それまでの職業経験を学問的視点から捉え直し、何らかの知見をまとめて公にできれば、社会の役に立てるかも知れない、そう考えたのである。

その後、幸い研究員として大学で研究に取り組むことができた。大学を退職後、他の職業にもついたが、現在は定職はない。

最後に居住地について少しだけ述べたい。父親の転職などで、現在の居所は 10 カ所目である。

1960 年代前半、杉並区立の小学校に通っていた。第 1 章の事例の高井戸の小学校の隣の校区だった。私の小学校は比較的新しく、まだ講堂・体育館がなかったため、生徒がぞろぞろ並び歩いて高井戸小学校の講堂を借りに行ったことを、今でも鮮明に記憶している。これが３つ目のたねあかしである。杉並清掃工場に聴き取り調査のため訪問した時にこの話をしたら、いたく親切に遇されることとなった。感謝に堪えない。

最後のたねあかしは、私の勤めていた市役所である。大阪市役所であった。しかも、そのほとんどの期間、廃棄物担当部局にいた。直接の担当ではなかったけれども、第１章で描いた紛争を行政内部から間近に見ていたのである。また、反対運動の住民リーダーとも懇意になり、何度もご自宅に押しかけてさまざまお教えいただいてきた。

2.3. 歴史をつくるもの― 個人の「意図」か、環境の「構造」か

アドルフ・ヒトラーのナチ体制の研究では、「意図派」と、「機能派」または「構造派」と呼ばれる、２つの解釈傾向がある。「意図派」は、「ヒトラーの役割をナチズムにとって決定的なものとして重視するヒトラー（還元）主義ないしヒトラー中心史観とも呼ぶべき歴史家グループ」[305]である。一方、「機能派」・「構造派」の歴史観は、「ナチ体制を構造的に分析する解釈で、体制内部でさまざまな集団が競合し、それぞれの相互作用より政策が急進化したと考える。この考えだと、巨大な官僚組織を持つ近代国家では、意思決定プロセスは複雑化し、個人の意志が実現する余地はあまりない」[306]。

ここでヒトラー論を展開するつもりはもちろんない。一公務員個人が政策を変えうるのかを考えたいので、ここでこのような議論を持ち出したのである。

国政は言うに及ばず、大きな行政組織によって営まれる地方行政にあっても、公務員が政策のありようを容易に左右できる裁量を持つと考えるほど私が脳天気ではないことは、第３章で縷々説明した行政の意思形成過程の書きぶりから明らかであろう。

それでは、公務員は、官僚組織の中でがんじがらめの状態で、自らの意志や良心が政策に反映されることはあり得ないのか、と問われれば、いやいやそうではない、と答える。くわしく説明しよう。

2.4. 行政意思形成における「構造」と「意図」

① 行政意思形成への「構造」の作用

政策計画をまとめ上げる際などにあって、収斂していく行政の意思は、い

くつかの集団・主体の意思が作用しあって構造的に形成される。A市がリサイクルのためのごみの分別収集を導入するという政策を例にとって、行政の意思形成の構造について解説したい。

分別収集を実施している自治体が多い中、A市は、リサイクル可能なごみもその他とごみと合わせて収集し、すべて焼却処理していた。市内のある市民グループが、A市の廃棄物担当部局に、分別収集を開始するよう要望活動を続けてきた。分別収集すると収集やごみ選別の手間がかかり、経費が増大する。廃棄物担当部局は、市の財務担当部局に打診するものの、色よい応答は得られなかった。財政難である同市において、市長は、緊縮財政を唱えて当選したのであった。

廃棄物担当部局は、市民の意見を確認しようと考えた。そこで、郵送によるアンケート調査を実施した。8割の市民が分別収集に賛成している、という結果が明らかになった。これをもって、廃棄物担当部局は、市の上層部会議において分別収集の実施を提案した。しかし、第3章で説明した組織の「しがらみ」＝発想枠は、市民の声を重視するものではなかった。緊縮財政という通奏低音がこの会議でも響き続け、提案は採用されなかった。

市民グループは、議会を通じて行政に圧力をかけようと考えた。市長の与党である会派の議員に相談した。この議員は環境問題への関心が高かった。しかも、政治力のある有力議員であった。日頃から他の会派とも交流をしていて、一目置かれていた。この議員は、分別収集の実施を要望する意見を超党派でまとめ、市役所に働きかけることとした。

議員は、廃棄物担当部局に、全国の自治体の分別収集実施状況を調査してまとめるよう依頼した。リサイクルのための分別収集を実施している自治体が7割にのぼることを示す資料が出来上がった。

議員は、この資料を持参して、市長にじか談判をした。超党派による動きを事前に察知していた市長は、あっさり議員の要請を受け入れてしまった。

市役所内の緊縮財政推進急先鋒の職員たちはおさまらない。副市長や幹部職員が、思いとどまるよう市長に働きかけたけれども、市長は聞く耳を持たなかった。リサイクルの分別収集は、議会の賛同を得て、実施されるに至った。

以上の例においては、次のような集団や主体が登場した。

市民グループ、市役所廃棄物担当部局、市役所財務担当部局、市長、副市長、市役所上層部会議メンバーなどの職員、議員、議会各会派

また、市役所内には、次のような組織文化、「しがらみ」＝発想枠があった。

市民の声軽視
緊縮財政重視

公務員の読者は、以上の経緯はありそうなことだと感じたのではないか。公共政策の形成過程において、いくつかの関係主体が絡み合って意思が決定されるという構造は、きわめて一般的である。

② 行政意思形成への公務員の「意図」の作用

このように、構造的に行政意思が形成されることは間違いない。そうであるならば、公務員の「意図」が行政意思形成に反映されることはないのだろうか。

先の事例で、市民グループが廃棄物担当部局に分別収集の導入を要望したとき、実際にこの要望を受けた職員がいたはずである。そして、部局内の合意形成のため行動した職員が１人または複数存在したはずである。ここでは、要望を受けた職員が、リサイクルのための分別収集をこの自治体においても実施すべきだ、と考えていたと仮定しよう。そのような職員の「意図」が行政の意思形成に結実した。

もっとも、以上は架空例である。しかし、公務員が公共政策を左右する裁量を行使しうるということを明らかにした文献がある。

ストリート・レベルの公務員が、個々の公共政策や行政処分において、自らの「意図」を反映させていることを明らかにした、リプスキーの古典的な実証･理論研究がある[307]。ここでストリート･レベルの公務員とは、行政サービスの受け手に直接接する、市役所･区役所の窓口の職員、福祉職員、教師、警察官などを指す。役所の中枢部にある総務・管理職員ではない、現場をかかえた事業担当部局の一般職員を指す、と解して差し支えなかろう。自身の職務に相当程度の裁量権が委任されている職員であれば、部長、局長などの幹部にも、リプスキーの理論は当てはまると考えられる。一方、組織内の調整に日々奔走している中間管理職は、「意図」を政策として実現することが容易でないかも知れない。

リプスキーは米国において職員の裁量が政策として実現されている事例をふんだんに紹介している。一方、日本の地方公務員の生き生きとした主体的な活動を記した文献も多々ある。ここではさしあたり長野県田市の事例を紹介したものを挙げておく[308]。職員が、住民と交流を重ねながら、「意図」を形成し、住民と協働して政策として実現していく過程がよくわかる。

これらの事例における自治体においても、行政意思が構造的に形成されるメカニズムは存在している。それと同時に、職員の「意図」が反映されることがあるのである。

ここで問題となるのは、組織文化、組織の慣行と発想枠＝「しがらみ」が及ぼす、個々の職員の「意図」に課す重圧である。

先の分別収集の事例をみると、「しがらみ」のうち、「緊縮財政重視」は、この政策の決定にかかわっては決定的な作用を及ぼさなかった。つまり、特定の政策に関して、構造要因の働き方によっては、「しがらみ」が機能停止して、政策が実現することがあるのである。とはいえ、その「しがらみ」そのものが消え去るわけでは全くない。「緊縮財政」の場合、最終的には、どこに予算を配分するか、という、かねの使い方の議論となる。自治体財政総体の緊縮という縛りは、特定の個別政策に対しては、時にゆるくなるのである。

もうひとつの「しがらみ」である「市民の声軽視」はどうか。こちらは、分別政策の実施において変容も機能停止もみられない。行政は、市民グループの意向に耳を傾けたのではなく、議員の政治力に屈したのである。

こう考えてみると、職員の「意図」が行政意思を変えることができる条件を、次のようにまとめるころができる。

・特定の個別具体的な政策にかかる行政意思決定においては、職員の「意図」の影響力が大きくなりうる。
・特定の政策に職員の「意図」が反映されるに際し、「構造」要因が追い風となって実現に至ることがある。いわば運がつきまとう。
・市民の声重視、市民参加推進などのような、一般的抽象的かつ日々の活動に浸透して普遍的な影響を及ぼす行政意思は、個人としての職員の「意図」によって直ちには変容しにくいだろう。職員間の合意形成のプロセスを経なければならず、その変容の回路の起動と促進にあたっては、第3章で指摘した、「市民の変容による作用」や「その他の外部環境による作用」が必要となろう。

2.5. 公務員への提言

① 公務員の働き方—あるべきか、あるがままか

ここまで縷々述べてきた結論として、公務員は、自らの「意図」を政策として実現できる場合があることがわかった。裏を返せば、実現できないこと

もある、ということだろう、と反論したい読者もいるかも知れない。しかし、あなたがもう公務員になってしまっているのだとしたら、選択肢はふたつにひとつしかない。自らが望ましい、正しい、あるべきだ、と思う方向に政策を実現させるため努力するのか。あるいは、与えられたタスクを、たとえそれが望ましくないものと感じていても、粛々と履行し続け、安穏としているのか。

あなたは、与えられた職務においては専門家である。あるべき方向を判断できる力が他者に比較して大きい。さらに、あるべき方向に向けて仕事をすればそれが実現する可能性があることもわかった。そしてもちろん、市民のためにあなたが仕事をしていることは自明である。再度問おう。あなたは、市民ためになる仕事をするのか、市民のためにならない仕事でもやってのけるのか。

② 第三者というあり方

あるべきと判断される方向に向けて、公務を遂行する。ここでは、公務員であるあなたはその道を歩むと期待、想定する。ただし、ひとりよがりの「あるべき」ではない。これについてこれから詳述する。

ここで、本書のテーマにいま一度立ち返る。あなたの属する役所が、廃棄物処理施設を建設することを決定し、立地予定地住民の大反発を招いた。

このとき、あなたは、役所に所属する職員であるから、一方のステークホルダーの当時者である。だからあなたは、もう一方のステークホルダーである住民と対立する立場に立つ。当然である？―本当にそうなのか。

あなたは、公務員である。公共政策の推進がその役割である。行政と私人との対立は、私人同士の対立とは異なる。仮に私人が私的利害の侵害をけんかの理由として挙げているとしても、行政が同様に行政サイドの私的利害を主張する立場にあるのではないことは明らかである。行政は公益を主張する。最初から、私人とは立ち位置が異なる。

だから、公務員であるあなたは、紛争のような緊急事態に遭遇したとき、公共的な視点から判断をしなければならない。喜怒哀楽は押さえ、スミスのいう心中の「公平な観察者」にいかにあるべきかを問わなくてはいけない。ステークホルダーである住民と行政自身の双方を鳥瞰的な目で眺めるまなざしを、あなたは持たなければならない。つまり、ステークホルダーでありながら、第三者の視点で事態・状況を把握し、分析し、判断することが求められるのである。
このとき、あなたの「敵」は、組織の外にある主体、たとえば住民ではない。組織に中の「敵」とまず「闘わ」なければならない。
組織の文化、「しがらみ」が、組織としての第三者性を重視するものであれば、そのような組織内の「闘い」は免れよう。しかし、非常緊急事態にあって、そのように第三者的対応ができることを、あなたは属している役所に対し期待できないかも知れない。でも、同感してくれる同僚が見つかるかも知れない。あなたは、ただできることをやるだけである。
いささかテンションが上がってしまった。公務はいつも戦場であるわけではない。けれども、もっとダルな仕事の繰り返しにおいても、常に第三者としての立ち位置を意識することは、公務員にとってとても大切なことだと、私は思っている。
さて、ここでぜひ注意しておかなければならないことがある。第4章で詳しく確認したように、行政の裁量は市民の権利を制約する恐れがある。市民と直接的な関係を持つ公務員の裁量もまた同様である。私がこの章で主張したいのは、ひとりよがりの「正義」を振りかざして、行政権力を笠に着て弱い立場に立つ市民に対しやりたい放題をする、そのような「暴走公務員のすすめ」ではもちろんない。第三者性の意識は、公務員にとり、このような「裸の王様病」の予防ワクチンともなる。

3. 市民への提言

最後に、公務員でない一般の市民であるあなたも、以上のような第三者性を意識することを薦めたい。公共空間で他者と接する機会に、「自己」を少し棚に上げてみて、自らの第三者性を意識して臨むと、面倒な軋轢が少し減るかもしれない。また、世間の見え方が違ってくるかも知れない。
世間の見え方にかかわって、大切なことがある。第三者性は、あなたの冷静なまなざしを磨く。そして、第Ⅱ編第5章〜7章で取り上げた格差の存在を理解する感性を涵養する。
アダム・スミスは、ひとは、心中の「公平な観察者」による「同感」により自己と他者を見つめ、判断し、言動を起こすべきものである、と述べた。格差へのまなざしに関わって、スミスは次のように記している。

深い困苦にたいするわれわれの同感は、ひじょうに強く、ひじょうに真剣である。実例をあげる必要はない。われわれは、悲劇のつくりものの演出にさえ、泣くのである。したがって、もしひとが、なにか顕著な災厄のもとに苦労しているならば、もしある異常な悲運によってひとが貧困、病気、不名誉と失望におちいるならば、たとえ部分的には、そのひと自身のあやまちが原因であったかもしれないにしても、それでもひとは一般に、そのひとのすべての友人のもっとも真剣な同感をたよりにしていいのであり、利害関心と名誉が許すであろうかぎりにおいて、かれらのもっとも親切な援助にも、たよっていいのである。[309]

前節の公務員への提言では、どっぷり浸かっている組織の価値観に対する「公平な観察者」の視線をもっぱら強調した。これは自身に向けた第三者のまなざしである。一方、市民の中には、組織などの「しがらみ」の縛りが緩い人々もあるだろう。

そのような人々の多くは、“普通の”生活をしている。“普通の”人々は、スミスのいう「同感」を伴う第三者の目を持つように心掛けないと、周りの人々も自分と同様“普通の”暮らしをしていると思ってしまいがちである。しかし、書店で本書を手に取り購入したり、図書館でこの本を選んで借り出した、あなたの“普通の”生活とは縁遠いたくさんの人たちが、社会で「深い困苦」にあえいでいる。このような現実にあって、第三者の意識を持つということは、他者に対する感性を磨くことを意味する。このことを、公務員も含めた市民への気づきの一言として、念のためここに記しておきたかった[310]。

そのようなあなたは、自身のあたたかい心をも確認することとなるだろう。「悲劇のつくりものの演出にさえ」、確かに私たちは涙を流すではないか。

4. 主体的な生き方から地域協働社会の構築へ

第7章とこの第8章において、第三者にスポットを当ててさまざま考えてきた。その結果わかってきたことは、第三者の作用は、ステークホルダーなどの当事者が主体性を確立したとき、意味を持つ、ということである。

紛争において対立するステークホルダーの間に第三者が介在してメディエーションが成立するということは、ステークホルダー自身が、主体的に考え、行動する存在であることが前提となる。あるいは、そのような存在になるよう第三者が作用して、ステークホルダーを変容させ、そこではじめてメディエーションが成功裏に終わる。

ケイパビリティに欠ける住民や地域の支援に取り組む第三者は、そのような住民や地域の自立を支援する。このような第三者の究極の目標も、弱者自身による格差に立ち向かう主体性の確立である。

この章での公務員や市民への第三者性の涵養の呼びかけも、要するに私たち一人ひとりが主体性を確立し自立的に判断する力を持とう、というメッセージである。

いろいろな立場にある人々が、それぞれ主体性を確立したとき、協働による地域社会の構築の歩みが着実に始まる。終章でその展望を描く。

このようにこの章をまとめてみると、第三者を、外に在る、「人目」としての存在とみなすにとどめず、私たち自身の心の中に取り込むこと、これを説いたアダム・スミスの慧眼に、改めて強く感服する。

5. リサイクル、循環、想像力、そして第三者

この章の最後に、ここまで本書で考えここにたどり着いたいま洞察できるひとつのイメージを、付論的に記しおきたい。

これまで中心に取り上げてきた廃棄物問題は、廃棄物処理施設の建設である。その多くは焼却施設である。一方、近年は、リサイクルが進んでいる。廃棄物政策の分野では、まずごみを減らす（reduce）、次いで再使用する（reuse）、その次はリサイクル（recycle）、そしてそれらが不可能なごみは焼却・埋立という処分をする、という優先順位が共有されている。これは、自然の物質循環にできるだけそったかたちで廃棄物を取り扱おう、という考え方を意味する。

森里海連環学という学問がある[311]。森から川を通じ里を経て海に水が流れる。海の水は大気の循環によって再び雨として森に落ちる。また、里では人が生活している。森でも海でも、人がかかわって生計を立てている。この森里海の自然の循環を認識し、森を守ることは、里を保ち、海を豊かにすることにつながる。海を守ることは、川を遡上する魚によるなどして、森を豊かにすることにつながる。そして、自然循環を守るそのような取り組みが、人々の生活を持続可能にすることになる。森里海連環学は、このことを教えてくれる。

第6章で取り上げた原発に対して呈される懸念のひとつは、原発が自然循環に沿った技術とみなしがたい、というものである。放射性物質を人工的に管理しなければならない。その典型は放射性廃棄物の気が遠くなるほど長期の保管である。

原発に対するもうひとつの懸念は、植田和弘のいう「政治・経済・社会」の中でコントロールできるのか、という問題である[312]。これは、社会の「循環」に原発は納まっているのか、という意味ではないか。「循環」でわかりにくければ、「関係の輪」と言い換えてもよい。

社会は、多くの人々、組織、制度の関係のつながりによって成り立っている。地域コミュニティもそうだし、国も、そしてグローバルな世界も同様である。この「関係の輪」がうまくつながらないと、社会は機能不全を引き起こす。さきに市民への提言で述べた格差へのまなざしは、この「関係の輪」を認識する感性でもある。

以上のように、自然や地球環境の、そして社会の「循環」あるいは「関係の輪」が存在して、私たち一人ひとりは生かしてもらっている。そのことを常に認識する想像力、これが前章とこの章で縷々考えた、第三者のこころであった。

[注釈]

295 コノウは、quasi-spectatorと呼んでいる。(Konow, James (2012). Adam Smith and the Modern Science of Ethics. *Economics and Philosophy*, 28(03), 333-362).

296 Smith, Adam (1759, 6th edition 1790). *The Theory of Moral Sentiments*. London: Printed for A. Millar, and A. Kincaid and J. Bell., 6th edition, PART Ⅳ., SECTION Ⅱ., Introduction.、水田洋訳(1973)『道徳感情論』筑摩書房。引用は水田訳。ただし、「中立的な観察者」は「公平な観察者」と訳した(((2009),London: Penguin Books., p.257)。

297 なお、スミスの公平な観察者は、社会におけるフェアな便益(および費用負担)の配分という正義が貫徹される社会的仕組みを説明する仕掛け、とも解釈できよう。同じような社会的正義の達成のための社会的仕組みの説明の仕掛けとして、ロールズ(Rawls, John (1971). *A Theory of Justice*. Cambridge, Mass.: Harvard University Press.(revised edition 1999.)やハーサニ(Harsanyi, John C. (1953). Cardinal Utility in Welfare Economics and in the Theory of Risk-taking. *Journal of Political Economy*, 61(5), 434-435.,
Harsanyi, John C. (1955). Individualistic Ethics, and Interpersonal Comparisons of Utility. *Journal of Political Economy*, 63(4), 309-321.)が提示する理論的ツールである「無知のベール」(a vail of ignorance)も含められる、とコノウ(Konow, James (2009). Is Fairness in the Eye of the Beholder?: An Impartial Spectator Analysis of Justice. *Social Choice and Welfare*, 33(1), 101-127.)は指摘する。し

かし、「無知のベール」モデルは、リスク回避が個人行動動機の基本にあること、また実際には容易にあり得ない社会を想定しており実証性、現実社会での適用可能性の点でも難があることから、「公平な観察者」に比べ一籌を輸するとも述べている。廃棄物処理施設を複数の候補地から1カ所の建設地を選定するという私たちのベース・シナリオに即して考えるならば、廃棄物処理施設を建設することは所与の決定であるけれども候補地が全く決まっていない状況にあって処理施設が建設可能な複数地域の住民代表がすべて参加する合議体（市民委員会）において建設地を決定しようという企てが、無知のベール的合意形成のケースとして当てはまるかも知れない。このような合意形成の場では、ロールズのアナロジーで考えれば、議論の最初のステップである立地場所の確定の諸条件を検討する段階において、近隣住民の被る被害がより大きい地域（風況により排煙を含む空気がよどみやすい、交通渋滞常習地域でごみ収集車の集中がさらに問題を悪化させる、小学校が近接し通学路とごみ収集車搬入道路が共用される、など）は選から外れるような要件が定められるとみなすことがもっともらしい。

298 以下、石谷清幹（1977）『工学概論　増補版』、コロナ社（初版、1972年）、
石谷清幹（1982）「二本足であるこう　（第三者機関の創立を期待しつつ）」、日本機械学会論文集（B編 48(430)、979-980、
石谷清幹（1986）「日本の第三者検査機構の胎動」、日本機械学會誌、89(812)、720-721、
石谷清幹（1987a）「第三者検査機構の意義と我が国の動向　前編　—認証の基本概念と発端—」、日本舶用機関学会誌、32(7)、463-466、
石谷清幹（1987b）「第三者検査機構の意義と我が国の動向　中編　—新概念の発生と成熟—」、日本舶用機関学会誌、32(8)、578-582、
石谷清幹（1987c）「第三者検査機構の意義と我が国の動向　後編　—グローバル One-stop certification へ—」、日本舶用機関学会誌、32(10)、754-759、
石谷清幹（2000）「認証新時代の到来と第三者検査機構」、日本機械学会誌、103(974)、27-29による。

299 石谷 (1977)、前掲書、p.117

300 山下淳（1998）「利益調整者としての行政と手続き管理者としての行政」、年報行政研究、1998(33)、123-134

301 同論文、p.130

302 Arrow, Kenneth J. (1963). Uncertainty and the Welfare Economics of Medical Care. *The American Economic Review*, L Ⅲ (5), 851-883.

303 Hall, Mark. A. (2001). Arrow in Trust. *Journal of Health Politics, Policy and Law*, 26(5), 1131-1144.

304 Elliott, Michael L. Poirier (1999). The Role of Facilitators, Mediators, and Other Consensus Building Practitioners. (Susskind, Lawrence, McKearnan, Sarah, Thomas-Larmer, Jennifer eds.. *The Consensus Building Handbook*. Thousand Oaks, Calif.: SAGE Publications, pp.199-239.)

305 芝健介（2021）『ヒトラー—虚像の独裁者』、岩波書店、p.330

306 竹井彩佳（2021）『歴史修正主義　ヒトラー礼賛、ホロコースト否定論から法規制まで』、中央公論新社、p.124

307 Lipsky, Michael (1980). *Street-level bureaucracy: dilemmas of the individual in*

public services. New York: Russell Sage Foundation.（田尾雅夫，北大路信郷訳（1986））『行政サービスのディレンマ　ストリート・レベルの官僚制』、木鐸社）
308 諸富徹（2015）『エネルギー自治で地域再生！―飯田モデルに学ぶ』、岩波書店
309 Smith, Adam. *op. ct.*, 6th edition, PART Ⅰ ., SECTION Ⅱ ., CHAP.V., 水田洋訳（1973）。引用は水田訳。ただし、「あなた」（原文は you または your）は「ひと」または「そのひと」と訳した（((2009), London: Penguin Books., pp.53-54）。
310 教師が教室の生徒の間に存在する格差への感性を磨くテキストとして、中村高康・松岡亮二（2021）『現場で使える教育社会学―教師のための「教育格差」入門―』、ミネルヴァ書房
311 田中克（2008）『森里海連環学への道』、旬報社
312 植田和弘、（2013）『緑のエネルギー原論』、岩波書店

終章　対立を超えた地域社会の創造

ステークホルダーの変容が切り拓く新地平

1. 各アクターの特徴と変容

行政が計画する廃棄物処理施設の立地に対し、予定地近傍の住民が反対する。本書はここまで、そのような事例を詳細に分析してきた。そこで確認できた重要な論点を、まずまとめておこう。要点は、住民・市民の変容、行政の変容、そして第三者の役割である。

1.1. 市民の学習と変容

① 市民の学習と変容

事例を観察して確認できた発見は、住民が学習により変容する、という事実であった。

この変容は、地域の意思形成システム・文化の変容と個々の住民の変容が、おそらく作用し合いながら、進展していったものである。地域を襲ったインパクトが、それまでのコミュニティの日常と共通認識を破壊し、強制的に地域の意思形成システムを始動させる。これが、タルコット・パーソンズのLIGAモデル[313]が示す如く、個々人の意識を変えていく。このようにして新たなレベルに変容した個人から、地域コミュニティに向けてアイデアが投入され、そのアイデアについて議論が交わされて、新たな地域の共通認識が形成される。この地域で共有された考えや計画案は、またLIGAの回路を経て個人に咀嚼されていく。

以上のプロセスは、各事例において観察できる。地域の人々は、頻繁に集まりコミュニケーションを重ね、行動し、その結果や外部からのリアクションによるインプットを受けて、再びコミュニケーションを繰り返す。このような動きを螺旋的に進展させていき、そうして住民運動は継続していった。

つまり、団体の行動はすなわち個人の行動であり、住民たちの濃密なコミュニケーションは、団体の意思形成の過程であるとほぼ同時に個人の意思形成の過程でもあった。このコミュニケーションの場は、コミュニティの会合であったり、隣近所の井戸端会議であったり、家族の会話であったりと、重層的に繰り返し現れたはずである。

このような地域と個人の意思形成過程において、不可欠な要素は情報である。この情報には、データ、科学的知見などの文献情報に加え、起こったできごとの伝達や直接経験によるインプットも含まれる。そして、これらの情報をもとにコミュニケーションや個人的熟考を重ねることが、すなわち学習である。事例において、住民によるこの情報への暴露と学習の過程が確認できる。

以上の過程は、人類のもつ特質を表していると言ってよいだろう。直立歩行を果たして脳を発達させた我々の祖先は、情報処理と学習の能力を際立って進化させてきた。また、群れを成して生きていくという人類の特徴は、社会生活を生存の基本的条件とせしめ、コミュニケーション能力を不可欠なものにした。

このように地域住民において学習による変容が頻繁にみられるということは、広く一般市民が学習による変容の経路をたどる可能性を示唆するものでもある。アーモンドらの国レベルの比較研究[314]とその後の研究対象国の市民文化の変遷からもそれは推察できる。

市民は学習により変容する。その変容の方向を決定づける大きな要素は、やはり情報である。公共政策に関する正確な情報が十分に市民に行き渡り、市民がその情報を咀嚼し、しばしば人々との交流も重ねながら学習するならば、その情報が論理的にさし示す方向に向かって情報の諸ピースがつなぎ重ねられる。したがって学習の結果として形成される市民の意思は、その公共政策が本来持つ結論に向けて収束する。つまり、その公共政策が、社会のニーズにこたえるものであり、社会に一般的に共有されている価値観、正義や公平の感覚に合致するものであるならば、当初は対立の議論がうごめいていたとしても、最終的に合意が形成されるという期待を抱きうる。ただし、ここでのまとめにおいては、さしあたり市民がそのような方向に向かうことのみを確認したのであり、合意に至るかどうかは、他のステークホルダー、これまでの議論では行政の対応いかんにかかってくることになる。

以上が、市民の変容についての結論である。

② 変容するケイパビリティに欠ける市民の包摂

衣食足りて礼節を知る、と言われる。世界には、日々の衣食に事欠き、まして最低限の文化的生活など全く保障されていない人々が存在する。このような人々は、そもそも教育を受ける機会をもっていない。あるいは、機会は在っても、それを十分活用できない。そのため、学習による公共志向への変容を云々する以前に、自発的学習能力の基礎となる学力や思考力が育っていないのである。

このような人々が居住する地域に、しばしば廃棄物処理施設などのめいわく施設が建設される。「普通の」市民は、それにほおかむりして、波風の立たない市民生活を送ることも可能だ。このような弱い人々と地域に対しては、見ない、見えないふりをする。そのような時、格差は定着し、拡大する。しかし、このような人々をケアし、ケイパビリティの獲得を支援する人々も、社会には多く存在する。行政もここで重要な役割を担う。包摂の社会を目指す動きは、確かにひとつの潮流として在る。

1.2. 行政の変容

① 行政

一般廃棄物処理施設の立地の事業主体は、基本的に行政（市町村政府）である。このほかにも公共政策において、行政が計画者となる場合も多いだろう。そこでここでは行政を大きなステークホルダーとみなして考察してきた。

行政は長期的には変容する、と判断することができた。

行政が変容を始める要因は、1市民の変容とそれに伴う政策推進の易難性の変化である。市民が公共政策に異見を呈し対抗するアクションを繰り返すなどし、政策の推進が滞るようになると、行政は変容を開始する。市民の声に耳を傾けるようになり、政策への市民参加の制度の導入を試み始める。やがて行政は、市民参加重視の規範、価値観を組織に定着させるようになる。

このほか、2社会に共有される常識、規範、価値観の変遷に伴っても、行政は変容する。これには法律の制定・改正など、政治の回路を経て制度化されるものも多い。

現在の社会を観察すれば、このような行政の変容は、公共政策の形成にあたり市民の意見を重視する方向にベクトルを向けている。これは例えばいま挙げた市民参加の制度整備の変遷で確認できる。

なお、社会に共有される常識、規範、価値観（上記②）の変容については、そのような社会の常識、規範、価値観を変えるものは何かを考えてみると、興味深い洞察が見えてくる。すなわち、市民が変容することにより、新たな常識、規範、価値観を社会に定着させ、それが行政を変えるという経路である。そうすると、上記①のみならず②においても、市民が行政の変容における根本の作用因であることになる。これはすなわち、市民が行政を変えうる、ということを意味する。

ロバート・パットナムの研究[315]も、行政が市民文化に応答してそのパーフォーマンスを高めるだろうことを示唆している。

行政にかかわって最後に考察すべき問いがある。行政は、市民同様、学習によって短期に変容するか。

第３章の結論は、否、であった。事例においてそのような過程は観察できなかった。

② 行政と政治

行政は政策履行の機能を担っている。さらに、その前段階にある政策立案、政策形成の役割も合わせ持っている。

縦割りの行政職員集団、官僚組織は、個別の政策分野に関して既定政策を日々遂行している。そして、所管政策分野における社会ニーズの変化に合わせて、政策を変更する。既存の政策がカバーしきれない新たなニーズが生じれば、これまでになかった政策を立案して実行に移す。

政策の変更や新たな政策の形成のため、ステークホルダーとの調整が不可欠である。行政は、この調整を繰り返しながら、政策案への支持を調達し、計画を実施可能なものとしていく。そして最終的に、以上の過程で確定した政策を、ルーティン化して管理・履行する。

この一連のプロセスのうち、政策案の実現にいたるまでの政策形成の過程は、政治の領域に属する。

第３章でみたように、社会には政治家と呼ばれる政治アクターが存在する。そのような政治アクターは、時に政策形成にとても大きな影響力を行使する。だが、そのような政治アクターの活動が顕著な極めて政治色の濃いタイプの政策形成過程においてさえ、杉並清掃工場立地・建設事例において詳細に検証したように、行政の果たす機能は非常に大きい。

政治アクターの動きは、その政策形成に個別独特の個性を与える。つまりケースバイケースで違いを見せることが多い。その理由は、関与する政治アクターの数が少なく、個人の選好が政治ベクトルに強く作用するからである。しかし、政策の形成例を多数集め外れ値を消し去って一般化して研究・考察するとき、政治アクターのプレゼンスは後退する。あるいは、その政策が社会において新規性がなく普遍的で、あたり前に形成・推進されるときにも、政治アクターは関心を示さず、政策形成過程における主要な役割は専ら行政にしぼられ、またはゆだねられることになる。

このように、行政は、政治的権力を揮いうる、強大な主体である。しかも、私たちが日常生活を営むとき、振り返ればそこに身近に存在する。それゆえ、市民の権利を護るために、行政の裁量の統制が必要である。同時に、市民の権利を護るための積極的な役割も、また行政に期待される。そのような行政を有効に機能させる強力な作用因は、第三者も含む市民の力である。

1.3. 第三者の登場と新たな役割

次に、第7・8章の、第三者についての考察の復習をしよう。

当事者同士が対立しているときに、公平・中立な第三者が登場すると、膠着状態が緩みだすことが期待できる。アダム・スミス[316]のいう、当事者の心中に宿る「公平な観察者」を呼び覚まして、十分な情報のインプットに基づく合理的そして理性的な推論を当事者に促す役割を、第三者は担う。

廃棄物処理施設の立地のごとき対立の火種を抱えていない一般的な公共政策にあっても、合意形成のプロセスは、やはり情報に基づく合理的・理性的な推論過程を伴うものである。それゆえ、このような考察や熟議を促進する第三者は、公共空間にあって広くさまざまな分野において活躍が期待できる。

市民のような民間アクターが行政との政策形成に臨むとき、情報の獲得とそれに基づく学習を支援してくれる第三者の存在は望ましい。さらに、上記のように第三者が機能するということは、民間アクター同士の公共的事業にかかる合意形成においても、第三者が効果的な役割を果たしうることを意味する。

例えば、産業廃棄物事業者が産業廃棄物埋立処分場を設けようとして地域住民と接触しようとするとき[317]、地域住民が信頼する公平な第三者に仲介を委ねることができるとしよう。まず、初動段階において、敵意をむき出しにされるかも知れないイニシエーションの儀式をスムースに終えることができるかも知れない。その後に続く交渉も、理屈の議論で展開できるとしたら、善意の産業廃棄物事業者にとってはとてもありがたいことだろう。一方、悪意の産廃事業者は、第三者の理解をえられずその仲介が期待できないので、第三者の存在が一般的となった社会においては不利な立場に追い込まれる。

行政にとって（またその他の民間計画者にとっても）、第三者の仲介により得られる最大のメリットは、他のステークホルダーの心中の公平な第三者とコミュニケーションを交わすことができることである。また、単独では知り得ない住民サイドの情報、意識、要求を容易に掌握できることの効用も、行政にとっては大きい。交渉の取引費用や時間の節約につながるであろう。

公共政策をめぐってステークホルダー間の合意形成を促進する第三者として、アメリカではメディエーション機関がすでに活躍している。日本におけるメディエーション機関創出の可能性については、第7章で考察した。

2. 関係3者が織りなす将来の社会

公共政策の合意形成という場面を想定しながら、いままとめたように、市民、行政がそれぞれ一定の変容を遂げ、さらに第三者が活躍する、そのような将来の社会をここに描いてみたい。これまで分析を重ねたそれぞれのアクターが、社会においてどのようにふるまうかを考察したいからである。

[未来社会における政策合意形成プロセス]

この未来社会では、第三者の活動がすでに認知されている。したがって、新たな公共政策が企画され、ステークホルダー間の調整が必要であるときは、企画主体はまず第三者を引き入れることが常識となっている。行政が廃棄物処理施設を立地しようとするときにも、第三者機関を選んで相談する。

計画の初動段階から相談を受けたとき、第三者機関は、まずその新たな公共政策について吟味する。廃棄物処理施設であれば、それは本当に必要であるものなのか、行政とともにチェックする。ここでは、情報の収集と科学的分析、そして政策案の評価が行われる。政策の必要性が認められたのちも、費用と便益の分析等その政策の功罪や、他の選択肢との比較など、さらに評価のプロセスは続く。

この最後の評価のプロセスと並行して、誰がステークホルダーかの確認が進められる。政策の功罪の評価は、ステークホルダーにとってのメリット・デメリットの評価をも含むからである。そのうえで、ステークホルダーも参加しての検討の段階に入るべきだと判断されると、次のステップに移る。

第三者機関は（ときには政策企画主体［行政］とともに）ステークホルダーを訪問して、新たな公共政策が企画される背景の説明や、その課題に対応すべき何らかの公共政策が必要であるという（自らも同意している）見解の解説を行う。この時、そのような説明のことばや意味そのものが理解できないステークホルダー、すなわちケイパビリティに欠ける地域住民などのステークホルダーが存在するときには、そのステークホルダーの基礎的学習を促し支援する。場合によっては、行政に対するこのような人々の代弁者、エージェントの役割も担う。

第三者機関は、ステークホルダーに状況の理解が行き渡った段階で、そのような公共政策を進めることの是非を含めて、ゼロベースでの検討会議を開催する。すでに一定程度の変容を遂げている公共志向市民である住民は、その会議への参加を承諾する。そのような公共問題を自らの問題として捉える意識があるからである。

会議においては、順序を踏んで、論理的に検討が進んでいく。廃棄物処理施設の例では、必要と結論され、処理方法が決まると（例えば「焼却」）、その施設の立地場所の検討に入る。あらかじめ立地の可能性も想定されていることから、候補地になりそうな地域の住民はすでにこれまでの検討に参加している。用地の選定も科学的・論理的に進められる。

このようにして、必要な公共政策は実現に至ることになる。

なお、このシミュレーションの空間においては、第三者の活動も、市民参加・市民行政協働の慣行も、社会に定着している。言い換えれば、これらは行政手順の中に明確に位置づけがなされている。このため、ケースを一般化するならば首長や議会といった政治アクターがとりわけ特別な動きをすることはないとして、このモデルではこれら政治アクターは捨象している。

［定常状態にある理想社会］

このような社会は、J.S. ミルのいう定常状態（stationary state）段階にある社会[318]とみなせるかも知れない。将来のこのようないわば理想社会において、ステークホルダーが神のごとく完全な主体であるとすると、実は理論的にはメディエーターとしての第三者は不用となる。例えば行政が公共政策の計画者であるとき、行政そのものが先に記した第三者の機能を果たせばよいからである。

もっとも、人間は、探求と交流を楽しみ、創造と変化を絶えず求める存在でもある。学びあい知恵を出しあうという場も欠かせないはずだ。理想的なステークホルダーのみから成る社会においても、集いの場は重要な位置を占めよう。そこでは、第三者も、科学に基づく情報を提供し、学習と交流を促進する担い手として、やはりその活躍が期待されるはずである。

なお、ここに描く情報が完全流通する理念型の社会においても、各ステークホルダーが動態的社会変化の結果先見の無謬性を有することは前提としていない。そのような超人社会は、市民の一般意思がひとつにまとまり、執行者が無謬である社会であり、すなわち唯一の執行者による「独裁」が最も効率的な社会である。そこでは合意形成そのものが不用である。

3. 近隣に廃棄物処理施設が建設されることになったら あなたはどうするか

ここでしばし休憩である。序章の序 2. で、次の選択肢から自分の考えに最も近いものを選ぶよう読者にお願いした。

「住んでいる地域の近隣に、自治体として必要であると考えられる廃棄物処理施設が建設されると聞いたら、あなたはどう思うか。」

1　反対だから、町内会など近隣の住民に呼びかけて反対の活動をする。
2　反対である。町内会など近隣の住民が反対の行動をするならば参加する。
3　反対である。しかし、近隣の反対の行動があっても参加しない。
4　わからない。関心がない。
5　賛成である。廃棄物処理施設は必要な公共施設である。しかし、近隣の住民に対して自分の意見を公にはしない。
6　賛成である。その意見をあえて隠したりしない。
7　賛成である。近隣に反対する住民があれば議論する。
8　面倒くさいから引っ越す。

この本をここまで読んで、あなたの答えは変わっただろうか。特に、選択肢 1 ～ 3 を選んだ読者は、選択肢 5 ～ 7 に変更する気になっただろうか。

多くの読者は、あるいは幾分気持ちが揺らぐようになったものの、選択肢 5 ～ 7 を選ぶほどの決心はつきがたかったのではないだろうか。

いまあなたが、前節で描いた、「関係３者が織りなす将来の社会」のコミュニティの住人になったとしたら、おそらく躊躇せずに選択肢５～７に○を付したと思う。しかし、読者が住む地域社会は、大なり小なりそのような理想社会からずれているだろう。

前節のシミュレーションの空間は、市民と行政は、変容を遂げた存在として、すなわち熟議と協働の潜在的パートナーとして、自他共に認知し合っている、そして第三者も広く知れ渡った存在として活躍している、そのような社会である。つまり各アクターも社会も究極の理念型である。なお、ケイパビリティに欠ける住民の存在は仮定した。アマルティア・センの期待に応えてそのような苦しむ住民が存在しなくなる世界を人類が創れることを望む。

さてしかし、実際にこのように各アクターが理想的に均質である社会が実現することは期待できないだろう。とはいえ、多くの人がこの理念型を否定しがたいひとつの範として認識する、そのような社会の実現は、想定しうるのではなかろうか。たとえば民主主義について、不満もあるし現実には完全に実現はしていないけれども、多くの人々がこれを、社会を成立させる規範として選択している国々が、現在、少なからず存在している、そのアナロジーとして想像してもらえればわかりやすいかも知れない。

だがそれでも、遠い将来のおとぎ話に過ぎない感はぬぐえない。住民が公共志向に変容しても、行政が変わっていなければ、住民のみものわかりがよくなっても、ただ負けてしまうだけではないか。あるいは、町内会などの住民集団が公共志向の特定の個人に耳を貸すまでに変容していないときはどうなるのか。先の質問の答えに迷った、現在の社会に生きている読者は、おそらくこのような懸念を抱いたのではあるまいか。

そこで、もう少し近未来の状況を描いてみたい。日本の現状に近い社会において、第三者機関、すなわちメディエーション機関が存在する場合である。第７章で詳しく検討したように、日本においてはアメリカのごとく需要に牽引されて多くのメディエーション機関が叢生することはなかなか期待しがたい。ここでは、地域社会において、あるいは行政主導で、あるいは地域の市民社会における有志のアクターたちの働きにより、メディエーション・サービスが芽生えていることを想定する。

4. 関係3者が織りなす当面の社会

このような社会では、メディエーションへのステークホルダーの対応に、机上論理としては図表:終1のようなバリエーションが見られることになる。

図表:終1　公共政策へのメディエーションへのステークホルダーの対応

	住　民			
行　政		メディエーションを尊重する	メディエーション過程で非協力的である	メディエーションそのものを拒否する
	メディエーションを尊重する	A	(B)	C
	メディエーション過程で非協力的である	D	(E)	F
	メディエーションそのものを拒否する	(G)	(H)	(I)

[政治アクターの作用を除いた場合]

まず、最初に、行政以外の政治アクターの作用を除いた一般的な場合を想定する。

この時の社会の条件は、次の通りである。

1メディエーションを担う第三者機関がその地域社会には存在している。そうすると、仮に行政主導ではなく市民主導よるものであったとしても、その地域で多くの市民が賛同してメディエーションの仕組みが導入されたのだから、少なくとも形式的には行政はメディエーションのテーブルに着く。だが、行政がメディエーション過程において肯定的・積極的にふるまうとは限らない。例えば、情報を出し渋り、あるいは文書を廃棄してしまい、あるいは個人情報などと称して黒塗りで文字を消した資料を提出したりすることもあろう。また、メディエーションの場に責任ある職員を出席させず、会議の円滑な進行を妨げることもありうる。

2住民は、一般論としては、メディエーションに参加することは第5章で論じた「合意形成への合意」の意思を示したことになる。一部の行政のように、結論を決めてしまっていて、本心はオープンな合意形成の場を望まないのに、体面上合意形成のテーブルに着くような行動を採る必要性は、住民には無い。

3この社会は、民主主義体制のもとにあると想定する。政治権力を握るトップ（首長）やその配下の行政組織は、法に基づかずして住民に施策を強制できない。

まず、1の帰結として、G、H、Iは通常ありえない。地域社会でオーソライズされているメディエーションそのものを行政は拒否できない。

次に、住民にとって、AとB、DとEの違いは相対的なものである。上記2により、メディエーションを受け入れるか否かが、住民にとっては意味がある。メディエーション過程に入った段階では、メディエーションの進行をサボタージュすることのメリットは住民側にはないはずである。ただ、行政があからさまにAではなくDの態度を示すとき、住民もやがて心情的にAからEに変わっていくかも知れない。

さて、以上の条件を踏まえたうえでの図表：終1のようなバリエーションをもたらす要因は、1地域公共政策を市民と協働で形成していく方向への行政の変容の度合い、2地域公共政策の形成に参画していく方向への住民の変容の度合い、3対象となる公共政策の個別的特性、である。このうち3は、メディエーションになじみにくい政策の留保である。（C、F、G、H、Iとなってしまう。）例えば、国や他の自治体との間においてすでに成立している協定、国政のアナロジーで表現すれば条約拘束に相当する案件であるとか、一部の人事案件や、特定の地元に固有の経過・歴史がある案件が考えられる。これらは一般化して論じえないことから、ここでの考察では捨象する。

まず、行政が変容を遂げ市民との協働を「しがらみ」として定着させているときには、A、Cのケースが考えられる。住民もすでに変容を遂げているときはAとなり、新たな公共政策の検討は、先の終2.の理念型のように進展していく。

また、先述のように、地域でのメディエーション・システムの導入に行政が積極的でなかったとき、D、Fの事態に至りうる。一方、対象住民がメディエーションに消極的なCやFは、当該政策が限定された住民を対象とする場合に起こりうる。廃棄物処理施設の立地はこれに該当する。メディエーション・システムの導入を先導した人々と当該政策の対象となる住民たちが同一ではないとき、この住民たちが十分変容を遂げていないならばこのような拒否反応が見られることが想定される。

[政治アクターの作用を加えた場合]

次に、政治アクターの作用を加えた場合のシミュレーションを試みる。ここでは、首長と地方議会（議員）について考える。

政治アクターは、行政に作用して、上記一般ケースと異なる結果をもたらすことがある。一方、民主主義社会においては、政治アクターが住民に作用して態度を変更させることは一般的ではない。実際、地方政治の現場においても、議会のベクトルの矢はもっぱら行政に向かい、地方公務員は時に議員を「先生」と呼んだりしてその意向尊重に十分意を用いる。首長は当然行政に指示し命令する。[319] なお、議会と首長の関係は、その地域・時点での政治地図により、対抗関係にあったり蜜月状態であったりする。

ただし、政治アクターは、定まった行政手続を当然の前提としたうえで行政回路への作用を図ることにより政策形成や合意形成に影響を及ぼすことが一般的であるとはいえ、とりわけ権力の集中が甚だしい首長などの行動は、特異な状況を生み出すこともある。2010年に住民投票により解職された竹原信一阿久根市長は、議会を経るべき予算案件を自身の専決で執行するなど、地方自治法も想定外の、議会も行政内意見も無視する独断的政策推進行為を繰り返した。かつてのトランプ米大統領は、選挙による敗北を認めず、根拠のない選挙執行の瑕疵の主張を公然と繰り広げ、選挙とその事務執行という政治・行政システムは著しくその信任を傷つけられた。これらに類する事例は、権力分立の統治機構とアドミニストレーションのルールに基づく行政執行という通常の政治・行政パターンを全く逸脱している。

このような例は外れ値として除くとすれば、図表終.1のパターンにおいて、議員が住民の声を受けて行政、またはその長たる首長に圧力をかけることにより、行政はDからAに変化することがある。

また、首長が「住民参画志向」か「自身または行政によるリーダーシップ志向」かによって、行政組織と職員の行動は左右される。首長交替という政治環境の変化が、行政をDからAに変えせしむることにより、合意形成に至る可能性もある。ただし、これは個別政策について当てはまることであって、行政組織の「しがらみ」を変更させ以降の政策形成における行政のふるまいが持続的に変わることとなるのかは、また別問題である。

以上、地域のメディエーションを想定して分析した。これは、メディエーション・システムが定着した段階における国レベルの広域政策にも当てはまる面があるだろう。

5. 第三者の活躍の場を創生する地域社会

さて、いま、現状の社会において第三者機関のみを存在させた近未来を想定して考察してきた。しかし、ここに次のような大きな疑念が湧き上がる。そもそも日本の現況のもとにおいて、メディエーションを担う第三者機関が新たに生まれうるのだろうか。とりわけ行政がまがりなりにでもメディエーションを受け入れるレベルに変容するのか。

この疑念を打ち破って第三者機関の誕生を生み出す期待を、地方の多様性に託したい。

市民との協働を自らの「しがらみ」に埋め込んで、市民と手を携えてまちづくりに励む地方政府が、現に存在するのである。筆者は再生可能エネルギーを地域で推進する地方政府の調査の中でそのことを確認できた[320]。このような地方政府の中から、第三者機関の創出を自ら主導したり、あるいは地域で生まれた第三者機関を利用する行政機関が現れたりすることは、確かに推測しうる。

一方、地域の市民が主導して第三者機関が創出されることも夢ではない。東京では、ある市民が、公共の衆議の場「23区とことん討論会」を提供する市民活動を2019年まで24年間も継続してきた[321]。このような活動は、市民主体で第三者機関が芽生える苗床となりうる。

したがって、地方政府が声をあげて、あるいは市民が呼びかけて、地域レベルにおいて第三者機関がモデルケースとして設立されることは、決して非現実的な想定ではないと考える。こんなモデルケースが行政間の相互参照[322]により広がっていって、やがて地方レベルで第三者機関の叢生と地方行政の変容の加速があいまって進む。これが引き金となりより広域の政府・国をも動かして、ついには新たな社会のステージが開ける。そのような想定が現実化することへの期待を、強い願望を込めてここに記しておく。

6. コンフリクトが生じない公共政策の合意形成

いま一度、「2. 関係3者が織りなす将来の社会」を振り返ってみると、これは、本書がもっぱら取り扱ってきた一般廃棄物焼却施設立地に代表されるめいわく施設関係の政策に限定されないモデルであることがわかる。成熟した市民社会においては、市民や行政をはじめとするステークホルダーが協働して公共政策を企画し推進するこのような絵姿が標準となるのである。

社会的ジレンマ事象を伴わずコンフリクトが生じない公共政策、不利益分配が前面に現れない公共政策の市民・行政協働による政策形成について考察するにあたって、本書の研究が活用できる重要な成果は、市民および行政の変容への着目である。

市民の変容とは、市民が公共政策の主体となる力を身に付ける過程を意味する。そこでは、「いかにして市民の公共的課題への参加・参画の意識と能力を高めるか」が重要なテーマとなり、学習がキーワードであった。それはまさに、コンフリクトを必ずしも伴わない政策一般の合意形成の研究と政策実践に本書が与えるインプリケーションにほかならない。

さらに、コインの裏面として、「市民協働志向の行政姿勢はいかにして醸成できるか」および「市民協働を組み込んだ行政の仕組み―行政機構と市民協働政策―はいかなるものか」というテーマも、政策一般の合意形成の研究において、また行政現場において重要である。これへのヒントも、本書の研究結果から確認できる。

一方、本書のもうひとつのキーワードである第三者は、大学など専門家の役割を示唆するものとはいえ、メディエーションという強い役割までは、コンフリクトを伴わない政策形成一般の合意形成においては必ずしも求められるものではないだろう。

7. 合意形成、ひとづくり、まちづくり

この章の最後に、本書の考察が、まちづくりの研究に対し示唆するものが大きいことについて述べておきたい。

石原武政[323]によれば、市場経済が社会に浸透していって、伝統的なコミュニティのルールが失われた。このような地域の状況において、「下からの発想」、すなわち、ステークホルダーの参画による分散的な企てと活動により、もう一度ルールをつくりなおすことが求められている。石原はこれをまちづくりとよぶ。

まちづくりにおいては、地域経済・地域環境・地域社会の３つの要素があっ

て、まちづくりを進めようとすると、しばしばこれらの要素間のトレードオフが生じる。活動の担い手が最初の段階から参画して企画する、そのような「下からの発想」が必要とされるゆえんである。

そうすると、次のように言い換えることができるだろう。「下からの発想」とは、コミュニティのルールづくりやガバナンス構築のための、さらにはこのルールやガバナンスのもとでの具体的な事業推進のための、合意形成の過程を埋め込んだ、企画・活動である。

この章の2節で描いた、「変容をとげた市民、行政と、第三者が織りなす将来の社会」をもう一度思い起こしてもらいたい。

このモデル社会において、市民とは、地域の市民・住民に加え、企業も含まれるとみなそう[324]。

行政は、言うまでも無く、地方政府である。地方の政治家も行政アリーナ内に存在する市民のエージェントと位置づけることにする。

そこでの第三者機関は、紛争の処理よりもむしろ、専門性の提供や専門的知見の習得の支援、公共政策形成やまちづくりにおけるステークホルダー個々の費用便益と社会の費用便益との調整の支援の役割を担うこととなる。

2節で描いた社会は、単に政策への合意が望ましく形成される地域社会であるのみならず、自治体、地域社会における以上の各アクターによる「下からの発想」に基づくまちづくりのあり様のモデルでもあるのである。その前提は、まずまちづくりの意欲・知識・構想力を備える方向への、学習による住民の変容である。そして地方政府と職員の、そのような市民・住民への応答としての変容である。だから、「下からの発想」のまちづくりとは、人づくりでもある。

これら前提が形を成していき、やがて協働の社会に到達する。各章の考察は、そのような発展の経路を示したものである。

実際、このような方向でまちづくりが進んでいるまちもある[325]。筆者の研究がこの分野で役に立つ知見を提供できることを期待している。

筆者は、長らく地方の政策現場で、もっぱら政策の立案と実施を担当してきた。地方政府の職員の仕事は、いわば仮説と検証の繰り返しでもある。

この研究成果（理論的・政策的な仮説）が、善き地域社会の形成のために役立ち、公共政策の現場において活用（すなわち検証）されるならば幸いである。仮説と検証の好循環を通して、合意形成、そしてまちづくりの新たな地平が切り拓かれることを願ってやまない。

[注釈]

313 Parsons, Talcott、倉田和四生編訳（1984）『社会システムの構造と変化』、創文社（1978年来日時の講演録）、Parsons, Talcott & Platt, M. Gerald (1973). *The American University*. Cambridge, Mass.: Harvard University Press.、第2章2.3参照。

314 Almond, Gabriel A. and Verba, Sidney (1963). *The Civic Culture: Political Attitudes and Democracy in Five Nations*, Chapter 7. Princeton, N.J.: Princeton University Press. pp.180-213

315 Putnam, Robert D. (1993). *Making Democracy Work: Civic Traditions in Modern Italy*. Princeton, N.J.: Princeton University Press.（河田潤一訳（2001）『哲学する民主主義：伝統と改革の市民的構造』、NTT出版）

316 Smith, Adam (1759, 6th edition 1790). *The Theory of Moral Sentiments*. London: Printed for A. Millar, and A. Kincaid and J. Bell.（水田洋訳（1973）『道徳感情論』、筑摩書房）

317 産業廃棄物の処理は排出事業者（企業）に処理責任があり（廃棄物の処理及び清掃に関する法律第11条）、結果として市場が形成されていて、処分場の建設も、一般廃棄物のそれと異なり、多くの場合私企業である産業廃棄物処理事業者が事業主体となる。

318 J.S.ミルは、定常状態（下記、植田和弘は「停止状態」と訳す）を、「誰一人貧しくなく、誰一人もっと裕福になろうと希まず、俺が俺がと進んでくる他人によって誰も押しのけられてしまうことのない社会状態」であるとして、これを「人間の本性とってベストな状態」と述べている（引用者訳）。（Mill, John Stuart, (1848). *Principles of Political Economy: with Some of Their Applications to Social Philosophy*, London: John W. Parker.。引用は、Mill, John Stuart, (1920). *Principles of Political Economy: with Some of Their Applications to Social Philosophy*, London: Longmans, Green, Co.., pp.748-749。）

植田和弘は、J.S.ミルを次のように評価している。「停止状態では、従来のような経済的あるいは産業的進歩はストップするかも知れないが、そこでは人間の心が金銭の獲得や立身の方策のためにうばわれることがなくなるので、精神的文化的側面ではむしろいっそうの進歩が実現するのである。ミルは、真の豊かさや人間的進歩という広い視野から、経済成長や自由放任主義に対して批判的考察を加えていたのである。」（植田和弘（1996）『環境経済学』、岩波書店、p.10）

319 住民・市民が異を唱える公式政治ベクトルは議会と首長に向かう。最前線に立ちはだかる行政を、これら行政に強いアクターが叩き潰すことを期待する。

320 濱真理（2019）「地域の自然資本経営における地方政府の役割」、財政と公共政策、65、76-83

321 一般社団法人グリーンピース・ジャパン（2020）「グリーンピースニュースレター2020年・冬号」

322 伊藤修一郎（2002）『自治体政策過程の動態：政策イノベーションと波及』、慶應義塾大学出版会。第3章6節参照。

323 石原武政（2010）「まちづくりとは何か」、石原武政・西村幸夫編『まちづくりを学ぶ―地域再生の見取り図』、有斐閣、pp.13-36

324 十名直喜（2012）『ひと・まち・ものづくりの経済学―現代産業論の新地平』、

法律文化社

325 筆者は、5節で触れたように、地域の自然資本である再生可能エネルギーの活用をテーマにしてこのようなまちづくりを目指した自治体を確認している。また、このような地域経営には社会関係資本が寄与しているとして、大都市も含めて社会関係資本の形成方策について考察した。(濱、前掲論文)

あとがき

本書の構想は、筆者が京都大学公共政策大学院で学んでいた時期に生まれた。しかしその原点はそれ以前に大阪市役所の職員をしていて感じた疑問にまでさかのぼる。考察の途中経過を公共政策大学院でリサーチペーパー（一種の修士論文）「廃棄物処理施設建設における合意形成」（京都大学公共政策大学院（2011）『京都大学公共政策大学院リサーチペーパー集　2010年度版』pp.85-92、紙幅制限の関係でやや短くしてある）としてまとめた。この間、公共政策大学院の教員の先生方のほか、同大学大学院経済学研究科の植田和弘教授（当時；現京都大学名誉教授）に丁寧な御指導をいただいた。

研究途上で同大学院を修了したため、放送大学大学院（修士課程）に入ってさらに研究を重ねた。ここで御厨貴教授（当時；現東京大学名誉教授、東京都立大学名誉教授、東京大学先端科学技術研究センターフェロー、放送大学客員教授）から懇切丁寧な御指導をたまわった。卒業後も御助言をいただいている。御厨先生の御仲介で、手塚洋輔大阪市立大学大学院法学研究科・法学部教授から、行政の担う政治機能とその他の政治アクターに関して本論文の欠落を埋めるべき貴重な御指導・御教示をいただいた。第5章は、放送大学大学院修士論文「合意形成への合意：廃棄物処理施設立地のための合意形成の場への住民参加」（圧縮版は放送大学（2016）『Open Forum 放送大学大学院教育成果報告［学生論文集］No.12』pp.84-89）としてまとめたものがベースとなっている。

ステークホルダーが合意形成の場に参加する前の段階にもう一つのステップ—「合意形成への合意」のステップ—が存在するという事実は、御厨貴先生のアドバイスがヒントとなって確認できた。

さてこの時期、植田先生のもと京都大学大学院経済学研究科の研究員として研究を継続する機会を与えていただいた。

そして、植田先生のお誘いで、論文審査による博士学位取得を目的とする研究会「博士論文検討会」に参加した。すでに大学教員として第一線で活躍中の先生方がそれぞれの研究テーマに基づく研究の進捗状況を発表し合う場である。この研究会には、財政学研究の重鎮、池上惇京都大学名誉教授も指導者の立場で参加しておられた。

この場で私の研究をさらに深めかつ広げようとするとき、植田先生が病魔に倒れられた。幸い快方に向かわれており、一日も早い、研究者として、教育者として、そして社会改革者としての御復帰を切望している。

植田先生御不在となったあと、池上先生が代わって研究会を主宰され、日常的に御指導をたまわり続けて今日に至り、研究成果としてまとめることができた。

この研究会では、メンバーである諸先生からさまざまな御教示をたまわった。とりわけ大きなものは次の２点である。

一つは、合意形成の場における第三者への着目である。このアイデアは植田和弘先生の参考文献を挙げていただいての御教示によるものである。

二つは、住民の学習による変容をはじめとするステークホルダーの変容である。これは池上惇先生が熱く語られる地域住民の学習の実態が洞察の道へ導いたものである[326]。

さらに、2019年７月に開設された働学研（博論･本つくり）研究会[327]において、同研究会主宰の名古屋学院大学（現SBI大学院客員教授）の十名直喜名誉教授に論文のまとめ方を中心に丁寧な御指導をたまわった。

この研究会においても、博士論文検討会と同様、メンバーの諸先生からアドバイスをいただいた。とりわけ、十名先生の御指導で学位を取得された諸先輩から温かい御支援をたまわった。

まとめた論文を、名古屋学院大学に博士学位申請のため提出した。これは、十名先生の、熱い励ましと、手続きの管理や関係者との調整、そして極めて具体的な博士論文の書き方の指導という、まさに手取り足取りのケアがあってはじめて可能となったものである。

名古屋学院大学の審査過程において、主査の阿部太郎教授、副査の皆川芳輝教授、木船久雄教授、小林甲一教授より、懇切丁寧な御指導をいただいた。名古屋学院大学の論文審査は、一度論文を提出するとそれを確定稿としてチェックが進められるというものとは異なる。論文の問題点・課題が具体的に申請者にフィードバックされ、改稿の機会が与えられるのである。実に30件に及ぶコメントを賜り、それをふまえてさらに文献調査と熟考を重ね、最終審査用申請論文に仕上げることができた次第である。とりわけ、論考を進める上での筆者が気づき得なかった曖昧さが鮮明になり、あるいは論理展開を補強する新たな学術的知見を具体的に提供していただいて考察を深めることができたことは、驚きでさえあった。こうして、学位が授与されることとなった。

さらに、学位論文を見直して出来上がった原稿を出版するにあたって、十名先生に、推薦状を添えて社会評論社をご紹介いただき、本書を世に問うことができることとなった。十名先生には、学位取得と著書出版という、私の研究推進上最も大きなふたつのかなめにおいて、力強い励ましと懇切丁寧な御指導、そして実現に向けての極めて具体的な御支援をたまわった。この御恩は筆舌に尽くせない。

社会評論社への謝辞もぜひ記したい。松田健二社長には、とてもきびしい学術出版の環境の中、筆者のようなもはや大学に属していない在野の研究者による研究に対し出版の機会をお与えいただいた。とりわけさまざまお手数をおかけした中野多恵子さんには、各章の節がさらに重層的に細分され、加えて小見出しまで付いたりする拙稿を、見事に読みやすくアレンジ、デザインしていただいた。

この研究は、したがって、以上の多くの先生方や関係者の御指導が結実してものである。

そして、とりわけ強調しておくべきことは、私の研究は、実際に廃棄物処理施設立地をめぐる合意形成の場を経験した住民や行政関係者の方々との対話が、出発点であるとともに、研究の進展の各段階における導きの糸であり続けたことである。

皆様への深い感謝の気持ちをここに記します。

[注釈]

326 池上惇（2020）『学習社会の創造―働きつつ学び貧困を克服する経済を』、京都大学学術出版会

327 十名直喜（2020）『人生のロマンと挑戦：「働・学・研」協同の理念と生き方』、社会評論社、pp.203-205

[参考文献一覧]

浅沼萬理著・菊谷達也編（1997）『日本の企業組織　革新的適応のメカニズム　長期取引関係の構造と機能』、東洋経済新報社

足立忠夫（1990）『市民対行政関係論　市民対行政関係調整業の展望―行政改革を考える・下』、公職研

新井智一（2011）「東京都小金井市における新ごみ処理場建設場所をめぐる問題」、地学雑誌、120(4)、676-691

淡路剛久・吉村良一（2018）「福島原発事故被害の現在と被害回復の課題」（淡路剛久監修・吉村良一・下山憲治・大坂恵里・除本理史編『原発事故被害回復の法と政策』、日本評論社、pp.1-11）

飯尾潤（1995）「政治的官僚と行政的政治家―現代日本の政官融合体制―」、日本政治学会編、現代日本政官関係の形成過程（年報政治学 1995）、岩波書店、pp.135-149）

飯尾潤（2007）『日本の統治構造　官僚内閣制から議院内閣制へ』、中央公論新社

池上惇（1990）『財政学―現代財政システムの総合的解明―』、岩波書店

池上惇（2017）『文化資本論入門』、京都大学学術出版会

池上惇（2020）『学習社会の創造―働きつつ学び貧困を克服する経済を』、京都大学学術出版会

池上惇（2022）「現代産業における融合と分業―工場法・公害防止法・循環促進法を手掛かりとして」（総合学術データベース、時評欄（70）2022.2.3）

石谷清幹（1977）『工学概論　増補版』、コロナ社（初版、1972 年）

石谷清幹（1982）「二本足であるこう　（第三者機関の創立を期待しつつ）」、日本機械学会論文集（B 編、48(430)、979-980

石谷清幹（1986）「日本の第三者検査機構の胎動」、日本機械学會誌、89(812)、720-721

石谷清幹（1987a）「第三者検査機構の意義と我が国の動向　前編　―認証の基本概念と発端―」、日本舶用機関学会誌、32(7)、463-466

石谷清幹（1987b）「第三者検査機構の意義と我が国の動向　中編　―新概念の発生と成熟―」、日本舶用機関学会誌、32(8)、578-582

石谷清幹（1987c）「第三者検査機構の意義と我が国の動向　後編　―グローバル One-stop certification へ―」、日本舶用機関学会誌、32(10)、754-759

石谷清幹（2000）「認証新時代の到来と第三者検査機構」、日本機械学会誌、103(974)、27-29

石田聖（2014）「第三者を活用した合意形成と利害調整：米国オレゴン州における協働型政策形成の事例紹介」、熊本大学政策研究、５、63-78

石原武政（2010）「まちづくりとは何か」、石原武政・西村幸夫編『まちづくりを学ぶ―地域再生の見取り図』、有斐閣

伊藤修一郎（2002）『自治体政策過程の動態：政策イノベーションと波及』、慶應義塾大学出版会
植田和弘（1992）『廃棄物とリサイクルの経済学　大量廃棄社会は変えられるか』、有斐閣
植田和弘（1996）『環境経済学』、岩波書店
植田和弘（2013）『緑のエネルギー原論』、岩波書店
おおさか環境事業120年史編集委員会（2010）『大阪市の環境事業120年の歩み』、(財)大阪市環境事業協会
大住広人（1972）『ゴミ戦争』、学陽書房
大竹文雄（2019）『行動経済学の使い方』、岩波書店
(財）杉並正用記念財団編（1983）『「東京ゴミ戦争」―高井戸住民の記録』
尾花恭介・前田洋枝・藤井聡（2018）「産業廃棄物処理事業を題材とした受容評価に関する意思表明過程―本音と建前の意思表明に影響を及ぼす要因と検討―」、環境科学会誌、31(6)、261-271
籠義樹（2009）『嫌悪施設の立地問題－環境リスクの公平性』、麗澤大学出版会
金子泰純（2004）「廃棄物計画策定過程にみる市民参加の意義と課題」、社会経済システム、25、147-152
苅谷剛彦（2001）『階層化日本と教育機器―不平等再生産から意欲格差社会（インセンティブ・ディバイド）へ』、有信堂高文社
川越敏司（2020）『「意思決定」の科学』、講談社
北山俊哉（2011）『福祉国家の制度発展と地方自治―国民健康保険の政治学』、有斐閣
金今善(2016)『自治体行政における紛争管理―迷惑施設立地問題とどう向き合うか―』、ユニオンプレス
一般社団法人グリーンピース・ジャパン（2020）「グリーンピースニュースレター2020年・冬号」
近藤正基（2016）「集権化する連邦制？　ドイツにおける第一次連邦制改革の効果と政治的要因」(秋月健吾・南京兌『地方分権の国際比較』、慈学社出版、pp.157-179)
阪本昌成（2006）『法の支配　オーストリア学派の自由論と国家論』、勁草書房
佐藤竺（1999）「分権社会・成熟社会の市民参加、『都市問題』、90(2)、3-14
篠原一編（2012）『討議デモクラシーの挑戦　ミニ・パブリックスが拓く新しい政治』、岩波書店
芝健介（2021）『ヒトラー　―虚像の独裁者』、岩波書店
清水厚子（1982）「ある住民運動の記録part1―ごみ処理場をめぐる参加と合意」(寄本勝美編著『現代のごみ問題　行政編』、中央法規、pp.205-240)
神野直彦（2007）『財政学』改訂版、岩波書店
住沢博紀（2002）「ドイツ」(竹下譲監修・著『新版　世界の地方自治制度』、イマジン出版、pp.135-161)
曽我謙吾・待鳥聡（2007）『日本の地方政治　二元代表制政府の政策選択』、名古屋大

学出版会
田尾雅夫（2011）『市民参加の行政学』、法律文化社
高木鉦作（2005）『町内会の廃止と「新生活共同体の結成」』、東京大学出版会
高松平蔵（2016）『ドイツの地方都市はなぜクリエイティブなのか　質を高めるメカニズム』、学芸出版社
竹井彩佳（2021）『歴史修正主義　ヒトラー礼賛、ホロコースト否定論から法規制まで』、中央公論新社
田中克（2008）『森里海連環学への道』、旬報社
谷本寛治・大室悦賀・大平修司・土肥将敦・古村公久（2013）『ソーシャル・イノベーションの創出と普及』、NTT 出版
玉野和志（1993）『近代日本の都市化と町内会の成立』、行人社
田村哲樹（2008）『熟議の理由　民主主義の政治理論』、勁草書房
塚田龍二（1986）『世界の清掃事業の歩み』、財団法人杉並正用記念財団
土屋雄一郎（2008）『環境紛争と合意の社会学― NIMBY が問いかけるもの』、政界思想社
土屋雄一郎（2011）「廃棄物処理施設の立地をめぐる「必要」と「迷惑」―「公募型」合意形成にみる連帯の隘路―」、環境社会学研究、17、81-95
東京二十三区清掃一部事務組合（2011）『杉並清掃工場環境フェア　工場閉鎖記念講演会　杉並清掃工場の歴史を知る！』［映像］
東京二十三区清掃一部事務組合杉並清掃工場編（2012）『杉並清掃工場記念誌』
遠野みらい創りカレッジ編著（2015）『地域社会の未来をひらく　遠野・京都二都をつなぐ物語』、水曜社
十名直喜（2012）『ひと・まち・ものづくりの経済学―現代産業論の新地平』、法律文化社
十名直喜（2020）『人生のロマンと挑戦：「働・学・研」協同の理念と生き方』、社会評論社
内藤祐作（2005）『高井戸の今昔と東京ゴミ戦争』（自費出版）
中川剛（1980）『町内会　日本人の自治意識』中央公論社
中村高康・松岡亮二（2021）『現場で使える教育社会学―教師のための「教育格差」入門―』、ミネルヴァ書房
橋本健二（2021）『東京 23 区×格差と階級』、中央公論新社
八田明道（1982）「ごみ問題とシンクタンク・専門家の役割―その知的生産物の活用」（寄本勝美編著『現代のごみ問題　行政編』中央法規、pp.145-161）
濱真理（2011）「廃棄物処理施設建設における合意形成」、京都大学公共政策大学院、京都大学公共政策大学院リサーチペーパー集　2010 年度版、85-92
濱真理（2012）「都市の一般廃棄物政策形成過程における市民参加」、公共政策研究、(12)155-166
濱真理（2019）「地域の自然資本経営における地方政府の役割」、財政と公共政策、65、

76-83
早瀬昇（2016）「「やらされ感」から「やりたい」へ:地域活動の最前線」、ウォロ、2016. 4・5 月号、大阪ボランティア協会、1-2）
原科幸彦（2002）「環境アセスメントと住民合意形成」、廃棄物学会誌、13(3)、151-160
原科幸彦編著 (2005)、『市民参加と合意形成―都市と環境の計画づくり―』、学芸出版社
原科幸彦（2011）『環境アセスメントとは何か－対応から戦略へ』、岩波書店
原島良成・筑紫圭一（2011）『行政裁量論』、放送大学教育振興会
広瀬幸雄（1993）「 環境問題へのアクション・リサーチ－リサイクルのボランティア・グループの形成発展のプロセス－」、心理学評論、36（3）、373-397
深澤龍一郎（2013）『裁量統制の法理と展開―イギリスの裁量統制論―』、信山社
福島原発事故独立検証委員会（2012）『福島原発事故独立検証委員会調査･検証報告書』、ディスカヴァー・トゥエンティワン
藤井聡（2003）『社会的ジレンマの処方箋　都市・交通・環境問題のための心理学』、ナカニシヤ出版
松岡亮二（2019）『教育格差―階層・地域・学歴』、筑摩書房
真渕勝（2009）『行政学』 有斐閣
御厨貴（1996）『東京―首都は国家を超えるか』、読売新聞社
美濃部亮吉（1979）『都知事 12 年』、朝日新聞社
宮田三郎（2012）『行政裁量とその統制密度（増補版）』、信山社
盛岡清志（2012）『パーソナル・ネットワーク論』、放送大学教育振興協会
森住明弘（1987）『ゴミと下水と住民と』、北斗出版
諸富徹（2015）『エネルギー自治で地域再生！―飯田モデルに学ぶ』、岩波書店
柳至（2018）『不利益分配の政治学―地方自治体における政策廃止』、有斐閣
山下淳（1998）「利益調整者としての行政と手続き管理者としての行政」、年報行政研究、1998(33)、123-134
山村恒年（2006）『行政法と合理的行政過程論―行政裁量論の代替規範論』、大学図書
山村恒年（2011）「行政過程の裁量規範と構造転換」（水野武夫先生古稀記念論文集刊行委員会『行政と国民の権利』、法律文化社 pp.130-149）
山本攻・西谷隆司（2002）「廃棄物計画と市民参加」、廃棄物学会誌、13(6)、341-346
山本甫（1992）「ごみ焼却工場の建設―その実施について」（前編）（後編）（『都市清掃』45(189)、387-394、45(190)、490-494
除本理史（2015）「不均等な復興とは何か」（除本理史・渡辺淑彦『原発被害はなぜ不均等な復興をもたらすのか　―福島事故から「人間の復興」、地域再生へ―』、ミネルヴァ書房、pp.3-20）
除本理史（2016）『公害から福島を考える』、岩波書店
吉原直樹（1989）『戦後改革と地域住民組織：占領下の都市町内会』、ミネルヴァ書房
寄本勝美（1981）「清掃施設に対する市民参加の挑戦－武蔵野市の特別委員会の活動報

告」、ジュリスト、744、81-89
寄本勝美（1989）『自治の現場と「参加」』、学陽書房

Almond, Gabriel A. and Verba, Sidney (1963). *The Civic Culture: Political Attitudes and Democracy in Five Nations*, Chapter 7. Princeton, N.J.: Princeton University Press. pp.180-213

Arnstein, Sherry R. (1969). Ladder of Citizen Participation. *Journal of the American Institute of Planners*, 35(4), 216-234.

Arrow, Kenneth J. (1963). Uncertainty and the Welfare Economics of Medical Care. *The American Economic Review*, L Ⅲ (5), 851-883.

Bellah, Robert N. (1967). Civil Religion in America. *Daedalus*, Winter 1967, 1-21.

Boiko, Patricia E., Morrill, Richard L., Eláine, James, Faustman, M., Belle, Gerald van, Omenn, Gilberts (1996). Who Holds the Stakes? A Case Study of Stakeholder Identification of Two Nuclear Production Sites. *Risk Analysis*, 16(2), 237-249.

Boulle, Laurence and Nesic, Miryana (2001). *Mediation: Principles Process Practice*. London: Butterworths.

Bowles, Samuel (2016). *The Moral Economy: Why Good Incentives Are No Substitute for Good Citizens*, New Haven: Yale University Press.（上村博恭・磯谷明徳・遠山広徳訳（2017）『モラル・エコノミー　インセンティブか善き市民か』、NTT 出版）

Bradshaw, Ben (2003). Questioning the Credibility and Capacity of Community-based Resource Management. *The Canadian Geographer*, 47(2), 137-150.

Buchanan, James M., Tullock, Gordon (1962). *The Calculus of Logical Foundations of Constitutional Democracy*. Ann Arbor: University of Michigan Press. ((1999). Indianapolis: Liberty Fund.

Buchanan, James M, Musgrave, Richard A. (1999). *Public Finance and Public Choice: Two Contrasting Visions of the State*. Cambridge, Mass.: The MIT Press.（関山登・横山彰監訳（2003）『財政学と公共選択　国家の役割をめぐる大激論』、勁草書房）

Caves, Richard E. (2000). *Creative Industries: Contracts between Art and Commerce*. Cambridge, Mass.: Harvard University Press.

Coase, R. H. (1937). The Nature of the Firm. *Economica*, New Series. 4(16), 386-405.

Cranna, Michael ed., Eavis, Paul Project Director (1994). *The True Cost of Conflict*. London: Earthscan Publications.

Davidoff, Paul (1965). Advocacy and Pluralism in Planning. *Journal of the American Institute of Planners*, 31(4), 331-338.

Deshler, David, Edmond, Kirby (2004). Conflict Management and Collaborative Probkem-Solving in a Protected Area in Ghana (Lovan, Robert W., Murray Michael, Shaffer, Ron eds.. *Participatory Governance: Planning, Conflict Mediation and Public Decision-Making in Civil Sociey*. Aldershot: Ashgate. pp.129-146)

Dickens, Charles (1838). *Oliver Twist*, London: Richard Bentley.

Dickens, Charles (1853). *Bleak House*, London: Bradbury and Evans.

Dickens, Charles (1857). *Little Dorrit*, London: Bradbury and Evans.

Dickens, Charles (1861). *Great Expectations*, London: Chapman & Hall.

Dickens, Charles (1865). *Our Mutual Friend*, London: Chapman & Hall.

(The) Economist, Dec. 19th, 2020, pp.91-92. Waste-pickers Down in the dumps.

(The) Economist, Nov. 20th, 2021, p.45. Tunisia Bad smells everywhere.

Drucker, P.F. (1990). *Managing the Nonprofit Organization: Practices and Principles*. New York: Harper Collins.（上田惇生訳（2007）『非営利組織の経営』、ダイヤモンド社）

Dukes, Frank (2004), From Enemies, to Higher Ground, to Allies: The Unlikely Partnership between the Tobacco Farm and Public Health Communities in the United States (Lovan, Robert W. Murray Michael, Shaffer, Ron eds.. *Participatory Governance: Planning, Conflict Mediation and Public Decision-Making in Civil Sociey*. Aldershot: Ashgate. pp.165-187)

Ebenstein, Alan O. (2003). *Friedrich Hayek: A Biography*. Chicago: University of Chicago Press.（田総恵子訳（2012）『フリードリヒ・ハイエク』、春秋社）

Elliott, Michael L. Poirier (1999). The Role of Facilitators, Mediators, and Other Consensus Building Practitioners. (Susskind, Lawrence, McKearnan, Sarah, Thomas-Larmer, Jennifer eds.. *The Consensus Building Handbook*. Thousand Oaks, Calif.: SAGE Publications, pp.199-239.)

Fischer, Frank (1993). Citizen Participation and the Democratization of Policy Expertise: From Theoretical Inquiry to Practical Cases. *Policy Sciences*, 26, 165-187.

Freeman, R. Edward (1984). *Strategic Management*. London: Pitman Publishing. ((reprinted 2010) . Cambridge: Cambridge University Press.

Galligan, D. J. (1986). Discretionary Powers: *A Legal Study of Official Discretion*. Oxford: Clarendon Press.

Greenberg, Michael R., Anderson, Richard F. (1984). *Hazardous Waste Sites: The Credibility Gap*. New Brunswick, N.J.: Center for Urban Policy Research, Rutgers University.

Halbwachs, Maurice (1950). *La mémoire collective*. Paris: Presses universitaires de France.（小関藤一郎訳(1989)『集合的記憶』、行路社）

Hall, Mark. A. (2001). Arrow in Trust. *Journal of Health Politics, Policy and Law*, 26(5), 1131-1144.

Harris, W.E. (1993). Siting a Hazardous Waste Facility: A Success Story in Retrospect. *Risk Analysis*, 13(1), 3-4.

Harsanyi（Harsanyi, John C. (1953). Cardinal Utility in Welfare Economics and in the Theory of Risk-taking. *Journal of Political Economy*, 61(5), 434-435.

Harsanyi, John C. (1955). Individualistic Ethics, and Interpersonal Comparisons of

Utility. *Journal of Political Economy*, 63(4), 309-321.

Hayek, Friedrich August von (1937). Economics and Knowledge. *Economica*, new series, 4(13), 43-54.（嘉治元郎・嘉治佐代訳（1997）『個人主義と経済秩序』新装版、ハイエク全集3、春秋社）

Hayek, Friedrich August von (1944). *The Road to Serfdom*, London: George Routledge Press.（西山千秋訳（1992）『従属への道』、春秋社）

Hayek, Friedrich August von (1945). The Use of Knowledge in Society. *American Economic Review*, ＸＸＸⅢ (4), 519-530.（田中真晴・田中秀夫編訳（1986）『市場・知識・自由―自由主義の思想―』、ミネルヴァ書房、嘉治元郎・嘉治佐代訳（1997）『個人主義と経済秩序』新装版、ハイエク全集3、春秋社）

Hayek, Friedrich August von (1960). Freedom in the Welfare State, (*The Constitution of Liberty* Part Ⅲ. London: Routledge & Kegan Paul.)（気賀健三・古賀勝次郎訳（1987）『福祉国家における自由　自由の条件Ⅲ』春秋社）

Heath, Eugene (2013). Adam Smith and Self-interest. (Berry, Christopher J., Paganelli, Maria Pia, Smith, Craig eds.. *The Oxford Handbook of Adam Smith*. Oxford: Oxford University Press. pp. 241-264)

Hein, Lars, Koppen, Kris van, Groot, Rudolf S. de, Ierland, Ekko C. van (2006). Spatial Scales, Stakeholders and the Valuation of Ecosystem services. *Ecological Economics*, 57, 209-228.

Hirschman, Albert O. (1970). *Exit, Voice, and Loyalty: Responses to Decline in Firms, Organizations, and States*. Cambridge, Mass.: Harvard University Press.（三浦隆之訳（1975）『組織社会の論理構造――退出・告発・ロイヤルティ』、ミネルヴァ書房、矢野修一訳（2005）『離脱・発言・忠誠――企業・組織・国家における衰退への反応』、ミネルヴァ書房）

Hutchison, T.W. (1976). The Bicentenary of Adam Smith. (Wood, John Cunningham ed.. *Adam Smith: Critical Assessments*, Vol. Ⅱ. London: Routledge. pp.160-171)

Kaler, John (2002). Morality and Strategy in Stakeholder Identification. *Journal of Business Ethics*, 39, 91-99.

Kasperson, Jeanne X, Kasperson, Roger E., Pidgeon, Nick & Slovic, Paul (2003). The Social Amplification of Risk: Assessing Fifteen Years of Research and Theory (Pidgeon, Nick, Kasperson, Roger E. & Slovic, Paul ed. (2003). *The Social Amplification of Risk*. Cambridge: Cambridge University Press. pp. 13-46)

Konow, James (2009). Is Fairness in the Eye of the Beholder?: An Impartial Spectator Analysis of Justice. *Social Choice and Welfare*, 33(1), 101-127.

Konow, James (2012). Adam Smith and the Modern Science of Ethics. *Economics and Philosophy*, 28(03), 333-362

Kotler, Philip (1982). *Marketing for Nonprofit Organizations*, Second Edition. New Jersey: Prentice Hall.（井関利明監訳（1992）『非営利組織のマーケティング戦略―

自治体・大学・病院・公共機関のための新しい変化対応パラダイム―』、第一法規出版）

Kunreuther, Howard, Fitzgerald, Kevin and Aarts, Thomas D. (1993). Siting Noxious Facilities: A Test of the Facility Siting Credo. *Risk Analysis*. 13(3), 301-318.

Li, Yanwei (2019). Governing Environmental Conflicts in China: Lessons Learned from the Case of the Liulitun Waste Incineration Power Plant in Beijing. *Public Policy and Administration*, 34(2), 189-209.

Lindblom, Charles E. (1959). The Science of "Muddling Through". *Public Administration Review*, 19(2), 79-88.

Lipsky, Michael (1980). *Street-level bureaucracy: dilemmas of the individual in public services*. New York: Russell Sage Foundation.（田尾雅夫 , 北大路信郷訳（1986））『行政サービスのディレンマ　ストリート・レベルの官僚制』、木鐸社）

Lovan, W. Robert (2004). Regional Transportation Strategies in the Washington D.C. Area: When Will They Be Ready to Collaborate? (Lovan, Robert W., Murray Michael, Shaffer, Ron eds.. *Participatory Governance: Planning, Conflict Mediation and Public Decision-Making in Civil Sociey*. Aldershot: Ashgate. pp.115-128)

Meldon, Jeanne, Kenny, Michael, Walsh Jim (2004). Local Government, Local Development and Citizen Participation: Lessons from Ireland. (Lovan, Robert W., Murray Michael, Shaffer, Ron eds.. *Participatory Governance: Planning, Conflict Mediation and Public Decision-Making in Civil Sociey*. Aldershot: Ashgate. pp.39-59)

Merton, Robert K. (1957). *Social Theory and Social Structure*, Revised and Enlarged Edition. New York: The Free Press.（森東吾・森好夫・金沢実・中島竜太郎訳（1961）『社会理論と社会構造』、みすず書房）

Mill, John Stuart, (1848). *Principles of Political Economy: with Some of Their Applications to Social Philosophy*, London: John W. Parker. ((1920). London: Longmans, Green, Co..)

Mitchell, Ronald, Agle, Bradley R., Wood, Donna J. (1997). Toward a Theory of Stakeholder Identification and Salience: Defining the Principle of Who and What Really Counts. *Academy of Management Review*, (22)4, 853-886.

Musgrave, Richard A., Musgrave, Peggy B. (1989). *Public finance in Theory and Practice*, Fifth Edition. New York: McGraw-Hill Book Company. （原著第3版（1980）の翻訳として、木下和夫監修、大阪大学財政研究会訳（Ⅰ・Ⅱ 1983、Ⅲ 1984）『財政学－理論・制度・政治』、有斐閣）

(The) New York Times International Edition, Feb. 4, 2022, p.1 and p.7. Making a living in plastic Plagued by pollution, Senegal wants to replace pickers with more formal recycling system.

Parsons, Talcott & Platt, M. Gerald (1973). *The American University*. Cambridge, Mass.: Harvard University Press.

Parsons, Talcott、倉田和四生編訳（1984）『社会システムの構造と変化』、創文社
Pierce, Joseph, Martin, Deborah G. and Murphy, James T. (2011). Relational Place-making: The Networked Politics of Place. *Transactions of the Institute of British Geographers*, NS 36, 54-70.
Putnam, Robert D. (1993). *Making Democracy Work: Civic Traditions in Modern Italy*. Princeton, N.J.: Princeton University Press.（河田潤一訳（2001）『哲学する民主主義：伝統と改革の市民的構造』、NTT 出版）
Rabe, Barry G. (1994). *Beyond NIMBY: Hazardous Waste Siting in Canada and the United States*. Washington, D.C.: The Brookings Institution.
Rawls, John (1971). *A Theory of Justice*. Cambridge, Mass.: Harvard University Press. ((1999). revised edition.)（初版：矢島鈞次監訳（1979）『正義論』、紀伊國屋書店、改訂版：川本隆史・福間聡・神島裕子訳（2010）『正義論』、紀伊國屋書店）
Rogers, Everett M. with Shoemaker I. Floyd (1971). *Communication of innovations: A Cross-Cultural Approach*, Second Edition. New York: The Free Press.（宇野義康監訳（1981）『イノベーション普及学入門　コミュニケーション学、社会心理学、文化人類学、教育学からの学際的・文化横断的アプローチ』、産業能率大学出版部）
Rogers, Everett M. & Kincaid, D. Lawrence (1981). *Communication Networks: Toward a New Paradigm for Research*. New York: The Free Press.
Rogers, Everett M. (2003). *Diffusion of Innovations*, Fifth Edition, New York: The Free Press.（三藤利雄訳（2007）『イノベーションの普及』、翔泳社）
Rose, Marc & Suffling, Roger (2001). Alternative Dispute Resolution and the Protection of Natural Areas in Ontario, Canada. *Landscape and Unban Planning*, 56, 1-9.
Rowe, Gene & Frewer, Lynn J. (2005). A Typology of Public Engagement Management. *Science, Technology, & Human Values*, 30(2), 251-290.
Sen, Amartya (1992). *Inequality Reexamined*. New York: Russell Sage Foundation.（池本幸生・野上裕生・佐藤仁訳（1999），『不平等の再検討：潜在能力と自由』、岩波書店）
Sen, Amartya (1999). *Development as Freedom*, Oxford: Oxford University Press.（石塚雅彦訳（2000）『自由と経済開発』、日本経済新聞社）
Sen, Amartya (2009). *The Idea of Justice*. London: Allen Lane.（池本幸生訳（2011），『正義のアイデア』、明石書店）
Short, JR, James, F. & Rosa, Eugene A. (2004). Some Principles for Siting Controversy Decisions: Lessons from US Experience with High Level Nuclear Waste. *Journal of Risk Research*, 7(2), pp.135-152.
Simon, Herbert A. (1997). *Administrative Behavior: A Study of Decision-Making Processes in Administrative Organizations*, Fourth Edition. New York: The Free Press.
Smith, Adam (1759, 6th edition 1790). *The Theory of Moral Sentiments*. London:

Printed for A. Millar, and A. Kincaid and J. Bell.（水田洋訳（1973）『道徳感情論』、筑摩書房）
Smith, Adam (1776). *An Inquiry into the Nature and Causes of the Wealth of Nations*. London: W. Strahan, and T. Cadell.
US EPA (United States Environmental Protection Agency) (1996). *Community Advisory Groups: Partners in Decisions at Hazardous Waste Management*.
Wildavsky, Aaron (1964). *The Politics of the Budgetary Process*. Boston: Little Brown.（小島昭訳（1972）『予算編成の政治学』、勁草書房）
Wolsink, Maarten (2007). Planning of Renewable Schemes: Deliberative and Fair Decision-making on Landscape Issues Instead of Reproachful Accusations of Non-cooperation. *Energy Policy*, 35, 2692-2704.

浅川清流環境組合ホームページ https://cms.upcs.jp/asakawa/index.cfm/1,html
『神の子たち』ホームページ http://kaminoko.office4-pro.com/
『忘れられた子どもたち　スカベンジャー』ホームページ http://scaven.office4-pro.com/

CBI ホームページ　http://www.cbuilding.org/
CDR ホームページ　http://www.cdrmediation.com/
Concur ホームページ　http://www.concurinc.com/
Hardy Stevenson and Associates Limited ホームページ　http://www.hardystevenson.com
MODR 関係ホームページ　http://www.mass.gov/eohhs/consumer/disability-services/advocacy/massachusetts-office-of-dispute-resolution.html
OS ホームページ　http://orsolutions.org/
Southside Partnership ホームページ　http://southsidepartnership.ie/index.php
Timesteps ホームページ、2016.3.11、https://timesteps.net/archives/5191796.html「小金井のゴミ問題はそれからどうなったのか」
USIECR 関係ホームページ　http://www.udall.gov/OurPrograms/Institute/Institute.aspx

1 大阪市住之江工場

2010 年 6 月聴き取り。
対象者：反対運動住民代表者 1 名、行政担当者（聴き取り時は退職済）2 名。
2017 年 10 月聴き取り。
対象者：反対運動住民代表者 1 名。
2019 年 12 月聴き取り。

対象者：反対運動住民代表者1名。

2 猪名川上流広域ごみ処理施設組合国崎クリーンセンター
（兵庫県川西市・大阪府豊能町・能勢町による一部事務組合施設）
2010年11月聴き取り。
対象者：反対後条件闘争派住民5名、反対継続派住民1名。

3 東京都杉並清掃工場（東京二十三区清掃一部事務組合杉並清掃工場）
2013年10月聴き取り
対象者：東京二十三区清掃一部事務組合職員2名。

4 武蔵野クリーンセンター
2011年2月聴き取り
対象者：武蔵野市職員1名。

[索　引]

●あ行

●か行

●さ行

●た行

●や行

●ら行

●わ行

著者紹介●濱　真理（はま　まこと）

1953年、京都府舞鶴市生まれ。大阪府堺市在住。大阪市立大学経済学部卒業、京都大学公共政策大学院修了（修士・公共政策）、放送大学大学院文化科学研究科修了（修士・学術）。博士（経営学・名古屋学院大学）。元大阪市役所職員、元京都大学大学院経済学研究科研究員、元学習塾講師。

市民と行政の協働
— ごみ紛争から考える地域創造への視座 —

2022年8月25日　初版第1刷発行

著　者　濱　真理
発行人　松田健二
発行所　株式会社 社会評論社
東京都文京区本郷 2-3-10　〒 113-0033
tel. 03-3814-3861/fax. 03-3818-2808
http://www.shahyo.com/

装幀・組版デザイン　中野多恵子
印刷・製本　倉敷印刷株式会社

ミャンマー「春の革命」
問われる［平和国家］日本

永井浩／著

＜エンゲージド・ブッディズム＞がめざす平和・民主主義・豊かさとは何か？ アウンサンスーチーに伴走してきたジャーナリストが日本政府と軍政の共犯関係を追究する。好評を得た『アジアと共に「もうひとつの日本」へ』に続き、わたしたち日本人に“平和”と“豊かさ”の再考をうながす好著。

＊1800円＋税　46判並製240頁

宗教と社会変革
土着的近代と非暴力・平和共生世界の構築

北島義信／著

いくつかの地域の事例を通じて、「土着的近代」を考える材料を提供し、従来の「資本主義vs社会主義」という枠組みだけでは捉えることができなかった、平和構築の主体者としての人間の意識化・主体化・連帯の新たな視点を提起する。

＊2200円＋税　四六判並製248頁